摆脱无力感，拿回你的人生主动权

二美◎著

天津出版传媒集团
天津教育出版社
TIANJIN EDUCATION PRESS

图书在版编目（CIP）数据

摆脱无力感，拿回你的人生主动权 / 二美著 . -- 天津：天津教育出版社，2020.1
ISBN 978-7-5309-8409-3

Ⅰ . ①摆… Ⅱ . ①二… Ⅲ . ①人生哲学—通俗读物 Ⅳ . ① B821-49

中国版本图书馆 CIP 数据核字（2020）第 023675 号

摆脱无力感，拿回你的人生主动权
BAITUO WULIGAN, NAHUI NIDE RENSHENG ZHUDONGQUAN

出版人	黄沛
作者	二美
选题策划	张意妮
责任编辑	王剑文
装帧设计	创研社
出版发行	天津出版传媒集团 天津教育出版社 天津市和平区西康路 35 号 邮政编码 300051 http://www.tjeph.com.cn
经销	新华书店
印刷	天津旭非印刷有限公司
版次	2020 年 5 月第 1 版
印次	2020 年 5 月第 1 次印刷
规格	32 开（880 毫米 ×1230 毫米）
字数	160 千字
印张	8
定价	39.80 元

序

谁不是一边内心崩溃，一边铆足劲儿前行

有一年，我在上海，加班后已经很晚，还好赶上了末班地铁。车厢里人不多，三三两两地分散坐着。我也找到一个位置坐下，看了一会儿手机里的工作群汇总信息。一阵困意袭来，我靠着椅背想闭上眼睛眯一会儿。低头的一瞬间，我看到对面的长发女孩儿正在掩面哭泣。

那时上海很冷。女孩儿穿着红色的大衣，围着蓝色的围巾，背着黑色的皮包，看起来整个人显得十分精致。她一只手扶着额头，另一只手撑着扶额的手臂，眼泪从她美丽的脸庞上簌簌地落下来，我能听到她小小的啜泣声。也许她此时很想放声大哭，可地铁上还有其他人，她不想让别人看到她的窘迫，于是极力隐忍着。她不时用纸巾擦去眼泪和鼻涕，脸上的妆都花了。到了换乘站我要下车时，她依然还在啜泣。不知为何，我心里隐隐有些作痛，有些心疼，不知道这个女孩儿遇到了什么压力，是工作不顺还是感情上遭遇挫折？

人活在世上，面临很多压力。我们都默默承受着生活的艰辛。只

不过，在某些时候，压力积累到一定程度，自己就会崩溃。

在网络上看到一个新闻，有个男子陪客户喝酒，醉倒在南京一个地铁站，号啕大哭。因为给民警带来了麻烦，他向民警道歉。民警安慰他："兄弟，没关系，生活不容易，我理解你。"随后他的妻子赶来，他愧疚地哭着对妻子说自己没用。

每次看到别人无助，我就感同身受。别人以为我天天阳光灿烂，对生活充满热情，其实我也多次在深夜里哭泣。谁都有不顺心的时候，我曾经因为业务谈判失败，伤心到绝食；曾经因为感情不顺，觉得自己再也不会幸福。走不出心结的时候，我还会被抑郁和焦虑控制。

终于有一天，我厌倦了自己的妥协和软弱无力，我选择"正面硬扛"，我要用自己仅有的对生活的热爱来面对那些躲不过去的黑暗。所以我通过阅读和写作寻求帮助。

我读了很多积极心理学方面的书籍，在持续的阅读中，与智者对话，学习人生智慧。维多克·弗兰克尔告诉我："一个人精神的自由，任谁也无法夺走。"泰勒·本-沙哈尔告诉我："幸福第一，物质第二。"马丁·塞利格曼告诉我："一个人想要达到蓬勃的人生，就必须有足够的PERMA。"[①]他们的智慧给了我很多启发，感谢他们。

我散步时写作，吃饭时写作，聚会时记下疑问。人生那些压力和

---

① 编者注：马丁·塞利格曼的幸福2.0理论认为，幸福是一个概念，包括5个元素（即PERMA）：P—Positive emotion，积极情绪（快乐、生活满意度都在其中）；E—Engagement，投入；R—Relationship，人际关系；M—Meaning，意义和目的；A—Accomplishment，成就。

问题，总是突然冒出来，而我需要答案。在不断写作的过程中，我的内心逐渐明朗。我按照心理学家们推荐的方法，应对生活的压力，学会了“理性情绪疗法”，能够客观理性地看待自己面临的问题，遇到事情不会只看到阴暗面；我尝试着写感恩日记，记录生活中微小的积极体验；我学着勇敢面对工作和生活中的小挫败；我学着列清单，从一件又一件具体的小事做起，人生逐渐从混乱转向有序……我命由我不由天，我要拿回自己的人生主动权。

写作时，我并没有想过这些文字会有多少人阅读，会给别人带来什么影响。我的初衷，只是为了让自己学会应对压力，却没想到，我的文字给很多读者带去了安慰。

有国外的读者加了我的微信，告诉我：“本来想死，看了你的文章，觉得又有了活下去的勇气！”有读者说：“你的文字有魔法，魔法师，谢谢你！”还有的读者成了我现实生活中的朋友。

于是，我创办了22天写作群，希望可以帮助更多的人通过写作探索世界。我热心分享“积极心理学”的理念，希望可以帮更多人发现自己的力量。我学拳击，试图让自己更坚韧；我学艺术，想要体验更多生活中不经意的美好。

现在的我，依然为了生存而努力，但我不会再躺着哭泣。我学会了如何从沮丧中站起来，勇敢往前走，还能和他人分享一点儿心得。

就像在这本书里，我分享了自己如何面对焦虑和恐惧，如何掌控情绪，如何应对拖延症，如何提升执行力，如何面对不完美……我笨拙的文字，虽然只是一缕微弱的火光，但我希望这小小的火光能给你带去一丝温暖。

人生不容易，谁不是一边崩溃，一边铆足劲儿前行呢？我们每个人都是幸存者，都是自己的英雄。请对人生心怀希望，因为我们每个人都可以创造属于自己的人生。

二美

2019年7月30日写于广州

目 录

CONTENTS

Part 1

别让无力感控制你的人生

Part 2

掌控不好情绪，如何掌控人生

Part 3

有目标的人更容易摆脱无力感

Part 4

越自控越自由

Part 5

克服懒惰，跟拖延症说再见

Part 6

高效执行是摆脱挫败感的利器

Part 7

只有改变，才能让人生拥有无限可能

Part 8

先谋生再谋爱

Part 9

心有所向，活成自己喜欢的模样

Part 1

别让无力感控制你的人生

如何摆脱焦虑控制，找回内心宁静？

刷朋友圈时，我经常会看到这样一些文章：某个人年纪轻轻就赚了十几亿、上百亿，以此说明同龄人正在“抛弃”我们；或者夸别人身材完美，顺便把我们普通人diss（奚落）一番，说我们不自律、不勤奋，活该没有好身材……

这样的文章非常多，我几乎每天都会看到，在朋友圈、微博、网络上……

这样的文章，每一篇都在告诉我——我活得不如别人，我被碾压在生物链的最底端！

每次看到类似的文章，我就感到焦虑从脚底直冲脑门：完了完了，别说一个亿，我连一万都没有。我是不是已经被淘汰了，已经没救了？

在满屏焦虑的刺激下，我内心紧张，犹如热锅上的蚂蚁，急得团团转。手边的事情没心思做下去，工作不想认真对待，文章也不想写了，只想有个什么办法可以一夜暴富，赚个十几亿，别被同龄人抛弃。

而且，我发现，不仅我有这样的想法，其他人也有。一个朋友略微有点儿胖，她已经很努力减肥了，可还是被一篇抨击胖人的文章气到，找我哭诉："我是不是没有资格活在这个世上？"

为此，她每天拼命节食。但她控制得太狠，饿几天之后常常又忍不住暴饮暴食，直至焦虑到得了厌食症，以至于现在已严重到需要专业医生介入治疗了。

我还有一个三十出头就已经成为公司高管的朋友，她也每天过得很焦虑，整晚失眠，掉了很多头发。别人焦虑的是生活不易，她焦虑的是别人都开公司上市了，她还在给别人打工……

被焦虑控制时，我们的内心好像有个"恶魔"在作怪，很难平静下来。心理的焦虑也会影响到身体，让人吃不好、睡不着，白天工作没精神，出去玩儿也提不起劲，整个人好像丢了魂儿。

用一个长期处于焦虑中的朋友的话来形容就是——活着就是一种折磨。

既然焦虑对我们有这么多的副作用，为什么人在进化过程中还保留着这种特征？为什么不把焦虑情绪完全"进化"掉呢？

心理学家阿尔伯特·埃利斯认为，有的焦虑是健康的，有的焦虑是不健康的。比如，在你过马路时，为了安全，你要注意红绿灯的变化，同时观察来往车辆，以便及时作出反应。

这时候，你的焦虑就是健康的——可以让你避开危险。

可如果你一到马路边双腿就发抖，呼吸急促，无法顺利通过马路，那这种焦虑就是不健康的，会影响你的日常生活。

一旦被不健康的焦虑所控制，我们该如何摆脱它呢？

阿尔伯特·埃利斯在其心理学著作《控制焦虑》中提到，我们往往无法控制身边发生的事情，但当事情发生时，我们可以学着控制自己的反应。

也就是说，真正让我们焦虑的，不是外界事件和信息，而是我们自己对这些事情的想法。比如说，我看到一篇写别人赚了10个亿的文章，很焦虑——因为我产生了非理性的想法：别人赚了10个亿，说明人家很优秀；我没有赚到，说明我不行，不如别人；我已经被社会淘汰了，没用了，是个失败者……

这样的想法，既不客观，也不全面，所以才会导致焦虑情绪的出现。也许很多人跟我一样有类似的想法，可这么想的人再多，也不意味着是对的。

让我们冷静地分析一下：别人赚了10个亿，我没有赚到那么多钱，这能说明我是个失败者吗？能代表我不行吗？这种逻辑根本就不合理。既然是不合理的想法，那我们在此基础上产生的情绪就是不健康的情绪。

让我们来看看身边那些不焦虑的人是如何应对这种情绪的吧。

朋友小榆是新媒体编辑，平时要经常刷微博、刷朋友圈，通过获取很多信息来积累素材。每次我看到那些有关一夜暴富的文章，都会转发给她，问她感受如何。她总是很快回复我：“别人的生活是别人的，就算别人赚了100个亿，跟我又有什么关系呢？再说了，我也在努力工作、辛苦打拼，怎么就被抛弃了呢？我本来就不属于别人，何来抛弃之说呢？”

说完这些，小榆继续忙工作去了，丝毫没有被那些“负面”信息影响和干扰。身边的好友升职加薪，或者有了什么成就，小榆会真心地祝贺他们，并向他们请教做事的方法，还常常拿个本本记下来，在思想认识和方式方法上提升自己。别人的优秀，不仅没有让她感到焦虑，反而让她学到了很多方法。也许，就是因为对事物的看法理性而又全面，所以她才会情绪平稳，干事效率也非常高。

可惜，并不是所有人都像小榆那样。我们可能总是把事情往不好的方面想，把事情想得很夸张、很极端，所以才会焦虑。

我问过小榆：“难道你就没有过焦虑的情绪吗？”

她说：“当然会有。焦虑的时候，我就强迫自己坐下来，分析自己为什么会焦虑，想一想自己焦虑是不是因为想得不够全面。分析清楚了，再去解决，事情就会变得非常简单。”

有一次，她写的文案修改了好几版，甲方还是不同意，连原因都不说。她心情不好，很焦虑，觉得甲方就是故意刁难，弄得什么事都没心情做。

当发现自己被焦虑所控制后，小榆就开始写日记，逐条分析自己的想法。她发现自己对甲方的看法是扭曲的，于是开始积极跟对方沟通。在她的催促下，甲方的对接人终于有了回应。原来，对方是因为个人私事没处理好影响了工作，才没有及时跟小榆沟通。

了解清楚原因后，小榆的工作进行得很顺利，不久就全部完成了。其实，小榆的这种做法，也是阿尔伯特·埃利斯所提倡的控制焦虑的方法：找出非理性的想法，和它们“辩论”。通过“辩论”，缓解焦虑，保持理性。有三种辩论法，大家可以尝试一下。

基于现实的辩论法。像我的朋友小榆，她一直担心工作完成得不顺利是因为甲方在故意刁难自己，可事实上并不是。当她了解了甲方的真实情况后，就用现实反驳了自己的非理性想法。

逻辑辩论法。“有人能赚10个亿，自己却没有赚到，说明自己很差劲。”这种逻辑，明显就是错的。但它到底错在哪里？我们一起来看看：别人赚10个亿，就代表他一定很优秀吗？不一定。优秀只能用金钱衡量吗？当然也不是。所以，别人优秀，就说明自己很差劲吗？更不可能。这样清晰的逻辑辩论法，可以让我们时刻保持清醒。

务实型辩论法。有的时候，我们认为自己必须做成什么事情，如果做不成就是失败者。这种非理性想法，只会让我们更加焦虑，对我们办成事不会有任何帮助。如果我们能够改变自己的期待，理性地考虑事情，那我们就会坦然一些，精神状态也不会那么紧绷。

除此之外，还有很多方法可以帮助我们控制焦虑，比如转移注意力、解决当下的难题、暴露疗法等。

我自己尝试过辩论法，通过写日记分析自己的想法，与自己辩论。我有时也会通过写作来表达自己的观点，从读者的反馈中获得启发，客观地面对现实。

我还尝试过转移注意力的方法。当我特别焦虑时，会听一些优美的古琴曲，或在风景优美的地方散步，让心情放松下来，以平静的心态对待眼前的压力。

当遇到无法逃避、亟待解决的问题时，我会强迫自己去面对。记得有一次，我去参加某档节目的录播，临出门时，忽然焦虑得不敢出去了。我试着深呼吸，强忍住心中的不适感，勇敢地去参加了节目的录播。等到现场节目开始录制时，我忽然发现自己变得很放松，焦虑早就不翼而飞了。

不管我们用什么样的方法，都要保持耐心，多次练习。加拿大心理学博士皮切尔说：“自我改变的过程是艰辛的，这是我们每天的旅程。前进两步，后退一步，我们将耐心地坚持下去。”

在这里，我想用这句话与大家共勉。希望我们都能放下焦虑的重担，寻找到内心的宁静，轻装前行。

别让童年成为你一生的诅咒

豆瓣上有一个叫“父母皆祸害”的小组，每天都有人在那儿控诉自己悲惨的童年和可恨的父母。后来，这个小组引起了公众的注意，还有人专门出书揭秘这个小组。

我去这个小组看过，看帖时，内心无比沉重。发帖的人要么是童年曾被父母毒打，要么是遭受过精神冷暴力。更严重的，还被猥亵、侵犯过。他们的童年生活如同炼狱，他们无处发泄痛苦，只好在网上倾诉。

他们中，有的得了心理疾病，成年后无法正常生活。有人说自己的人生被父母毁了，这辈子注定要活在痛苦之中；还有的人说不想活了，因为童年时父母的虐待让他们的内心缺少阳光。

看到这些控诉，我想起了自己的经历。小时候，父母对我管教得特别严，但凡我做错一点儿事或者考试成绩不理想，总免不了挨一顿打。我曾怨恨过父亲，他给我的童年留下了不少暴力阴影。

记得有一次，我数学考了70分，父亲气得直扇我耳光，把我打得眼冒金星。还有一次，我和姐姐吵架，父亲就拿竹竿打我们的腿，结果我的腿被打得疼了好几天。最伤心的是有一次我被一个男生诬陷，那个男生的妈妈去我家告状，说我把她儿子耳朵拧烂了，父亲不分青红皂白，上来就扇了我两个耳光，根本不听我解释。

每每回忆起这些往事，我都很伤心。小时候挨打的经历确实对我有很大影响，以至于到现在我和父亲的关系都很疏远，平时回家也不愿和他说话，甚至见到他便心生恐惧，生怕一不小心做错事又要挨打。

我特别羡慕那些可以在自己父亲面前撒娇的小女孩儿，觉得她们真幸福。而我呢，连在父亲面前表达一下观点都需要很大的勇气，更别提向他撒娇了。

在农村，像我父亲这样的父母太多了，他们的教育观念就是“棍棒底下出孝子”，他们认为孩子“不打不成器”。他们把孩子送到学校时，会嘱咐老师对自己的孩子“不听话就使劲打”。有个男生跟我说，他小时候曾被父母吊起来打，打得皮开肉绽，最后差点儿昏死过去，他也因此留下了心理阴影。

正是因为这些，我从小自卑又敏感。在我的成长过程中，如果别人笑话我，我会难过很久。如果我做错了什么事情，不用别人批评我，我会先骂自己一顿。我曾经试图伪装坚强，让自己看起来很阳光，但这似乎更容易暴露我懦弱的内在。

有时候，我觉得我的懦弱跟我的童年有关，每次这样想，心里对父亲的怨恨便会多一分。纠结和怨恨充满了我的内心，我心情沮丧，有时连当下的生活都无法过好。

然而，当你凝视深渊时，深渊也会凝视你；当你一直纠结于怨恨时，你会一直心怀怨恨，好像生活在地狱中。

不幸福的童年已经存在，无论如何也改变不了。是纠结于过去，陷入痛苦；还是着眼于现在，把以后的人生过好？每个人都有不同的选择。

在我还没有能力跟父亲和解的时候，我选择了远离，默默地增强实力。我不想再纠结于过去，把自己的失败和挫折都归因于童年。抱怨过去，对我的生活没有任何帮助。我经常会看一些心理学方面的书籍，借助书中的理论来帮助自己调整心态。

积极心理学家马丁·塞利格曼在《真实的幸福》里谈到了童年问题。他认为，历史并没有那么重要，没有任何实验支持“童年事件会影响成人的人格”这一结论，也没有任何证据证明“过去能决定未来”。

童年时的灾难可能会对一个人成年后的性格有一定影响，但这种情况是少数。童年的不幸不能决定你长大后会出现什么样的问题。

心理学家们通过研究发现，相较于童年经历，基因对人格的影响更大。也就是说，你现在的人格，更大程度上是由基因决定的，而不是你童年的遭遇。至于基因，这不能怪罪你的父母，他们也控制不了自己的基因。

明白了这一点，我们就不会再沉溺于过去的痛苦了。沉溺于过去，对我们的未来没有任何作用。

童年有“伤”的人，如果不停地撕裂“伤口”，会减慢“伤口”愈合的速度。

心理学家贝克发现，抑郁症病人每说一次过去发生的伤心事，内心的伤口就被拉开一次，病情严重的甚至会自杀。所以，过去的伤心事还是少提为妙，多把注意力放到现在。

那我们怎么做，才能放下内心的怨恨，专注于追求未来呢？

马丁·塞利格曼在书中给了我们两个建议。

首先是感恩练习。感恩能增加一个人对生活的满意度，因为它将过去美好的记忆放大了。

感恩练习要经常做，每天晚上临睡前可以花五分钟时间写下当天值得感恩的五件事以及原因，大事小事都可以。当然，也不一定是五件事，一件事也可以。

我每天都写日记，提醒自己多注意美好的事物。我们不能只看到苦的一面，也要多发现美好。这些美好，是我们生活的希望，需要我们用心去发现。

其次是宽恕与遗忘。我们可以借鉴一下宽恕心理学家沃辛顿的宽恕五步骤（REACH）。因为母亲被人杀害，沃辛顿受到了极大的打击，内心十分痛苦。后来，他选择了宽恕，创造了宽恕五步法。

R：回忆（Recall），尽量以客观的方式去回忆伤痛，不要把对方妖魔化，也不要自怨自艾。如果你要谈论童年往事，不应该只说不好的一面，而应该客观中立。

比如，我在谈论童年时，除了回忆挨打的经历，还会回忆一下父亲对我的付出和关爱。

小时候，我们村里其他孩子都是在农村上的学。当时，我父亲托人找关系把我送到了县城上学，为此花了不少钱，还承受了不少村里人的冷嘲热讽。因为很多人觉得女孩子读书没什么用，而我的父亲坚信“知识改变命运”。

我考试失败，私自涂改试卷成绩被发现后，父亲鼓励我下次努力。

我离开家去异乡读书时，父亲无比担忧，亲手写字条夹在我的作业本里，嘱咐我要做个“有勇有谋的好姑娘”。

我在医院做阑尾炎手术时，父亲跑前跑后，无比紧张……这些都是实实在在发生过的事情，我不应该忽略。

E：移情（Empathize），从对方的观点来解释他为什么要伤害你。

我曾站在父亲的立场，思考他打我们的原因。一方面，他的教育观念受老一辈人影响，可能根本不知道暴力教育对孩子的伤害，以为打孩子就是对的方法，这是他的局限性所在。另一方面，当时我家里有三个孩子，父亲要养家糊口，压力很大，对情绪的控制能力也不好。我们长大后，疏离了父亲，他感到非常后悔，还对此进行了反思。

A：利他（Altruistic）。回想一下，我们也曾伤害过别人，而别人选择原谅我们，是他们送给我们的礼物。“施”比“受”更有福，我们能否试着宽恕伤害我们的人，把这宽恕当成礼物送给他们呢？

C：承诺（Commit），承诺自己会在大庭广众之下宽恕对方。沃辛顿会引导当事人签下“宽恕证书”，给加害者写信，宽恕他们，或者是在日记、诗、歌曲中写下宽恕的话语，以达到内心真正的宽恕。

H：保持（Hold），保持宽恕之心。当过去的记忆浮现于脑海中时，不要在其中加入复仇的成分。我们要提醒自己已经原谅了对方，重读宽恕之信。

说实话，当我看到上述宽恕的步骤时，内心是抗拒的，估计大多数人也和我一样——毕竟很少有人能够做到平心静气地宽恕别人。

我们一般的做法是：记着，找机会去报仇！但是，那样会让我们更痛苦，无法过好现在的生活。那样的生活状态真是我们想要的吗？

斯坦福大学的研究者托雷森曾对宽恕五步骤模式的效果进行过研究，他发现，当人们放下仇恨时，愤怒与紧张就会减少，乐观和健康则会增多。越能真正地宽恕，这种效果就越明显。

如果我们无法做到真正的宽恕，就不要勉强自己，因为虚假的宽恕起不到任何作用。像我现在，有时候回忆起过去，还是会难过。这时候，我就会转移注意力，放下过去，专注于当前。

童年是否会成为你一生的诅咒其实是由你自己来决定的。只要放下执念，不再把糟糕的现状归因于童年，全力过好现在和将来的生活，我们终将会获得幸福人生。

我们的生活有两种选择：要么打破诅咒，把注意力放在现在，认真工作、生活，去追求幸福；要么继续陷在痛苦中，让诅咒跟随自己，在哀怨中度过一生。

那么，你选择哪一种呢？

怎样才能拥有自信？

之前，有一个姑娘向我咨询，她认为自己一事无成，所以感觉非常自卑，特别羡慕身边那些自信的人。

其实我曾经也很自卑，特别是遇到挫折时，什么事情都不想做，常常陷入“习得性无助”的局面。

那我们应该怎么做，才能像别人一样拥有自信呢？

在痛苦中，我看了一些心理学方面的书籍，其中有一本叫《伯恩斯新情绪疗法》，它给出的应对方法是：

做一个每日活动计划表，以小时为单位，填写你每天的行动计划，等计划完成后，给你的结果打分。这样的话，你就会真正付诸行动，而不是没完没了地纠结。行动才能真正改善你的处境，而念头改变不了。

我找过一位女心理咨询师，其建议是：每天的生活规律化，如果做不了有难度的事情，可以从最简单的事情做起，比如说吃饭、散步规律化。

当时，我对这位咨询师的建议很不以为然，觉得她说了等于白说。每天规律化生活，谁不知道呢？关键是我不想只做简单的事情，我想一下子做很多事情。

这就是人的贪心在做祟，我想大多数说自己没自信的人，应该跟我的想法差不多。我们只是以为自己干不了大事，对自己没有自信。但如果让我们去做小事情，我们又不屑去做。

我有个中学同学，他看我写了80多万字的文章，很是羡慕，便来找我聊天，问我的写作秘诀是什么。我告诉他，这80多万字，是我写了好几年积累的，不是一两天完成的。

可他不管这个，他只问我怎样才能像我一样写出这么多文字。我说："你今天先写一篇吧，明天再写一篇，写得多了，别说80万字，800万字都没问题。"可他写了一篇之后，就懒得再写了。他说自己没有自信，写不出80万字。所以，他只会为办不成大事而自卑，却不会为写不出简简单单的一篇文章而自责。

其实，这就是我们的认知误区。我们整天盯着那些大目标、大成就，想在短时间内赶超别人，可如果没有接受训练，也没有任何基础，我们怎么赶超呢？当事实和我们的期望相差甚远时，我们又怎么可能自信呢？你不自信，不是因为你做不到，而是因为你根本就没有去做！

就像上面我说的这位同学，他羡慕我写了80万字，但其实他看到的是80万字的结果，却没有看到我背后为此付出的努力：那可是我看了很多书，努力写了好几年才做到的。他没有付出我这种程度的努力，当然不会知道如此成就取得过程的艰辛。

你羡慕别人可以跑完马拉松比赛，觉得人家“好厉害啊”，可这是人家训练多年的结果。他们每天跑10公里，经年累月才能做到在比赛中游刃有余。我们连1公里都没有训练过，怎么跟人家比呢？你说自己跑不了10公里，那好，给自己设定一个小目标，可以试着明天早上起来先跑500米。

很多人一听要跑500米，会觉得太没劲，不愿意行动。古人说：“千里之行，始于足下。”只有先把小事情做好，才能有后面的大成就。

斯坦福大学的心理学家阿尔伯特·班杜拉在1977年提出了一个概念——“自我效能感”，即一个人对自己是否有能力完成某一行为所进行的推测与判断。而缺乏自信，就是自我效能感不足的表现，这个时候，人就会感到未来无望。那么，我们应该如何破解这种无助的局面呢？

首先，我们要从认知上纠正自己的认识，我们得清楚地接受一个现实：短期内，自己是做不了大事的，这是事物发展的规律使然，不是自己能决定的。谁都不能一口吃成个胖子，作为普通人，我们没必要自卑。

接着，我们要在行动上做出改变。我们可以先做一些力所能及的小事，慢慢建立自信。

在看了伯恩斯说的方法后，我找到了一款非常适合提升我们行动力的应用程序：滴答清单。这个应用程序非常好用，无非就是在当天的日期下面写上你要做的事情，也可以设置时间提醒。做完一件事情，就打一个对勾，这种感觉非常好。

这种列清单的方法我已经用了两三年了。一般情况下，我会在晚上写下第二天的计划，或者第二天早上起来写，然后按照计划一项一项去完成。这种方法让我对生活有了一定的掌控感，而且也能直观地看到自己做了多少事情。

长时间坚持下来，我的行动力提升了不少，自信心也随之增强。人的大脑更愿意相信看得见的证据。你做的这些事情就是看得见的证据。事情做多了，自信自然就有了。

我们失败了会感到自卑，但不必为此懊恼，千万不要抵抗这种心理。失败时产生自卑心理是很正常的，我们要先接纳它，然后制定一个目标：一开始，目标尽量不要过高，太高的话难以完成，会使自己产生很强的挫败感。

比如，喜欢写作和阅读的人，可以每天在朋友圈写一段话，每天读一页书。古人云："不积跬步，无以至千里；不积小流，无以成江海。"

在行动中磨砺自己，你会做成一些事，也会搞砸一些事。不断总结，不断实践，能做成的事情会越来越多。

总有刁民想害朕？你想多了

日常生活中，我们常常会把自己定位成受害者，这里说的受害者，并不是在法律层面被人伤害的那种人，而是指在生活中，总觉得自己很可怜，被欺负被伤害的人。

把自己定位成受害者的人，内心活动大概是这样的：总有刁民想害朕。

我上初中时，从乡村中学转到了城里的学校，压力特别大。我怕同学们会看我的笑话，怕成绩不好被人说智商低，怕衣服穿得不好看被人说“土包子”。谁要是瞪我一眼，我就会想：对方是不是嫌弃我农村人的身份？总之，当时的我内心戏很足。

那时候我的同桌是一个叫陈昂的男生，他的家庭条件很好，但就是不爱学习，整天想法子逃课去上网。

记得有一次课间，陈昂问了我一件事情，具体是什么我忘了，只记得当时我回答的是：“我不知道。”因为那时的我心里只有课本中的内容，根本不了解课本以外的世界。

前桌的女孩儿听到了，扭过头，与陈昂交流了起来。我心想：这两个人不会在说我什么吧？后来，他俩开始频繁聊天，内容无非是游戏、溜冰、网络、谁暗恋谁……

他们说的几乎都是我不知道的。有时候，他们说着说着，还会瞟我一眼，然后一起笑。我想，他们肯定在说我的坏话，说我除了学习什么也不懂。我又自卑又气愤，终于忍无可忍，去找了老师，请老师给我换个位子。奇怪的是，我调走以后，他俩再也不窃窃私语了。

多年以后，我又遇到了陈昂。他说："跟你同桌的时候，你可真厉害啊，天天听课写作业，想跟你说话都不敢，只好找前桌说话，想引起你的注意。没想到，你直接调走了……"

我真没想到事实居然是这样。直到后来自学了心理学，我才知道这属于"思维扭曲"。

在现实生活中，思维扭曲的人有很多。我见过不少人把自己想象的当成事实：在工作中遇到挫折时，觉得是同事想坑自己；男友不接电话，认为男友肯定是去跟别人约会了；下雨了，觉得是老天爷专门跟自己作对………反正只要不顺利，都是有人想害自己。

长期如此，人就会陷入无助，什么都不想尝试。反正不管怎样都会被人害，那干脆听天由命好了。但问题的关键在于：你以为的和你想象的真的是事实吗？

在工作中遇到挫折，可能是外部原因所致，也可能是由于内部原因，我们要做的就是去查明真相，而不是自我猜测。男友不接电话，可能是他手机忘记拿了，也可能是他在开会……胡思乱想不但不能解决问题，还会让自己的心情更加糟糕；下雨了，那是自然规律，跟你的表现没有任何关系。我当年总认为同学说我坏话，可事实并非如此——是我自己把自己唬住了，被臆想困住了。

我有个同事叫蔡蔡，每次领导喊他，他总觉得是要开除他。可实际上，领导叫他时，大部分都是正常的工作沟通。

我们要学着改变自己的受害者心态，理性看待各种事物，分析其背后的原因，找到事情的真相。只有理性乐观地生活，才能保持内心的宁静，体会到生活的快乐。

每天，你都有一次重生的机会

心理学中有个名词，叫作“悲刍”（精神反刍）。就是说，一个人遭遇挫折后，会不停地回想令其感觉挫折的那件事，让自己陷入痛苦之中。

朋友涛子最近失恋了，一直困在感情往事中无法挣脱。他很困惑：“为什么她要离开我？是我有问题吗？”

反复思索后，他终于意识到自己错在哪里了。他去找对方道歉，想挽回这段感情，可惜他的女友却再也不肯回头。涛子不断地回想着过去的事情，悔恨、沮丧、失落，甚至还有愤怒，这些消极的情绪一波又一波地冲击着他，让他陷入了无尽的痛苦之中。

有一次，他在餐厅吃饭，看到前女友正和一个男人约会。他很想去问个究竟，可一想，都分手了，自己还有什么资格去管人家呢？他悄悄地观察了一下那个男人，发现那个男的既没他帅，也没他穿得体面。这下，他更想不明白了：为什么她宁愿找一个不如自己的男人，也不愿跟自己和好呢？他陷入了痛苦的思索中。

可感情这事，怎么可能理清楚、想明白呢？他找我诉苦，我劝他说：“这种事就好像‘甲之蜜糖，乙之砒霜’，你看着寒酸的人，也许别人觉得他魅力无边呢？还有，你每天一味地想啊想，能起什么作用呢？”

很多抑郁症患者，就是因为陷入了“悲刍”，不停地苦思冥想，结果越想越难受，最后整日被绝望情绪所笼罩。

当你心情低落时，靠自己想，很难想出个所以然来。如果真的想知道自己错在哪里，可以求助身边的人，让他们帮忙指点一下。世上很多事，有时候根本就不是你的错，只是差了一点儿运气而已。

有的事情，是我们怎么也想不出答案的。比如，恋人为什么离开你，朋友为什么背叛你，领导为什么骂你……可能理由非常无厘头，如果他们不说，你可能永远也想不出来。所以，面对那些想不出来原因的问题，你必须行动，在行动中也许就能找到答案。

2019年年初爆红的电视剧《都挺好》中，女主角苏明玉从小生活在重男轻女的家庭中，爹不疼娘不爱，还整天被二哥苏明成欺负。她勤奋好学，成绩优异，想考清华，却被妈妈以开销大拒绝了。最后，她只好去读了免费的师范大学。

可她的大哥、二哥呢？一个去了美国留学，住上了大房子；一个自小受疼爱，工作、买房都不用自己操心。只有苏明玉最可怜，什么也没有。这种和现实无比贴近的剧情，引发了那些从小生活在重男轻女家庭中的女生的共鸣。

我在网上看到不少女生控诉她们童年时遭受的不公平待遇。有的说自己在家里只能吃剩菜；有的说自己初中毕业就出来打工，供哥哥读书；有的说自己攒了钱想买房，父母却来要，说要给弟弟娶媳妇……

有一个女孩儿说，回忆过去让她很痛苦，她看这部剧气得都不想上班了。另一个女生建议大家不要总是讨论过去，说讨论多了会影响心情，还不如多说说现在，把注意力放在当下。她说得很对，如果总是陷在过去，怎么可能做好当下的事情呢？

这个世界上，有无数个苏明玉，她们从小就不被重视，带着伤痛长大。可是，长大后的苏明玉们，不一定会比别人差。

《都挺好》中的苏明玉，一心扑在事业上，最终成长为公司负责人，买了别墅和豪车，成了家族里最有实力的人。对于现实生活中的苏明玉们来说，也许做不到像剧中的苏明玉那么有能力，但是依然可以通过努力过上幸福的生活。

以前，爸爸妈妈压缩你的生存资源给你的兄弟，而现在，你可以自己掌控钱财；以前，你的家族让你无条件牺牲，现在，你可以说“不”，可以为自己做主。你有说“不”的权利和资格，没必要一直被过去控制。“重生”的机会在当下，在你的手里，就看你自己能不能抓住了。

其实我们的生活完全掌控在自己的手中，我们的选择决定了我们的生活状态。

有一次，我答应为一家食品公司写广告文案，对方预付金都打到我账户里了，但不知为什么，我就是不想干活儿。日子一天天过去，我连基本的提纲都没写出来。眼看人家都要推送产品了，我这文案还没见踪影。

没办法，我只好如实相告，告诉对方我状态不佳，让他赶紧找别人。虽然他安慰我说不要紧，新品还要再测试一下，但我还是感受到了他的失望。后来，他再也没有找我写过文案。我在悔恨中度过了一段时间，某天猛然意识到，事情已经过去了，继续后悔毫无意义，自己应该学会放下过去向前看。

过去，我们犯过错、偷过懒，错失了很多机会，甚至伤害了亲近的人。我们也曾被伤害、被辜负、被欺骗。可是，我们要知道，过去永远不会再回来了，我们唯一能抓住的就是当下。

泰戈尔的《飞鸟集》中有这样一句诗："我将死了又死，以明白生是无穷无尽的。"

过去的你，也许错过了很多，就当过去已经死了吧。夜晚来临时，人们沉睡、做梦，好像去了另外一个世界。新的一天来临时，我们可以重新活过来，选择另一种生活 。

是认真地过好新生活，还是继续沉沦在苦海？自己选吧。

Part 2

掌控不好情绪，如何掌控人生

你来世间一趟，你要看看太阳

你知道什么是“看不见的自我攻击”吗？

自我攻击的表现形式分很多种，最常见的是自残、自虐，最严重的是自杀。

除了这些容易被发现的形式外，还有一种不易被觉察、经常被忽略的形式，叫作“看不见的自我攻击”，它对人的伤害非常大。

举个例子，有一次早上起来，我试穿了一件新衣服，结果在镜子前却觉得不好看。我心里猛地一沉，心情很低落。

我没有说话，可是大脑却在高速运转。脑海里有个念头在一直攻击自己：你会不会打扮自己啊？你这么土，怎么出去见人啊？别人见了会笑话你，说你是个土包子……

这种思维活动非常强烈。其实没有人批评我，我也没有动手打自己，可我的内心却受到了重创，这就是“看不见的自我攻击”。我们在失败和不顺心时最容易受到自我攻击。

很多年前，我在做销售工作时，搞砸了一个项目。回到家，躺在床上，我委屈得饭都吃不下。我在心里骂自己是个笨蛋，无数个负面念头在大脑里狂奔。我安静地躺着，内心却在痛苦的深渊里挣扎。

我们知道自己难过，却从来没有深刻剖析过到底是因为什么，也没有想过我们的大脑是如何思考的，为什么别人失败后可以无所畏惧，而我们失败后却先攻击自己。

潜意识的自我攻击非常迅猛。它不易察觉，可杀伤力很强。比如一个人想写作，吃饱喝足了，计算机也备好了，刚起了个开头，忽然就痛苦地停下，说不想写了。为什么？因为他被潜意识里的自我攻击控制了。

他的大脑里有个声音一直在攻击他：你写出来的东西会被人骂的，写得不好就别写了……于是，很多人就这样屈服了。

为什么会有自我攻击？心理学家发现，有的人天生乐观，有的人则天生比较悲观。乐观的人，会把更多注意力放在积极的层面上；悲观的人，更容易关注消极层面。当然，就算是基因相似，不同的人思维方式也有差异。除了基因，人们的思维方式还跟小时候的成长经历有关。

说到这里，不得不提一下英国作家阿道司·赫胥黎的长篇小说《美丽新世界》。

在这本书里，人在婴儿时期就会被分成高阶层和低阶层。高阶层的人被告知自己生来就高人一等，低阶层的人则被告知应该厌恶鲜花和书本。接受过洗脑教育的低阶层幼儿，长大后会心安理得地接受自己所在的阶层。他们觉得自己天生就是如此。可实际上，这是人为干预的结果。

说到我们自己，刚出生时，我们什么也不懂，可是，我们需要了解社会，那怎样做到呢？只能通过与最亲近的人（父母）互动来了解。

一些父母在教育孩子时经常这样骂他们："你这个笨蛋，你这个蠢货……"骂的次数多了，小孩子真的会以为自己什么都不行。我们可以回想一下，自己小时候是不是也受过这种否定式的教育呢？你父母说你是笨蛋，你就真的认为自己是笨蛋吗？

要知道，父母说的也不一定对。小时候的我们，因为对世界认识不足，所以很容易被误导。但是成年以后，我们学习了知识，就会对别人对我们的评价产生质疑，建立自己的认知体系。

除了父母以外，老师、同学、亲戚朋友等都会不同程度地影响我们。我有个亲戚就经常打击我："女娃就是不如男娃，你学什么都不行。"身处这样的环境，我又怎么能建立起自信？

什么是真正的自己？我们可以从美国作家黛比·福特所著的《接纳不完美的自己》中找到答案：

构成人体的每一个原子都是全息的，都携带了整个宇宙的全部信息。将物质凝聚在一起的各种作用力，在每一个原子中都可以找到。人体每一个细胞的DNA分子，都携带了整个生物进化史的全部信息。

同样，每个人的内心都携带了全人类所有思想和情感的信息，只

要外部条件成熟，任何思想和情感都可能在任何一个人身上表现出来。只有理解了这种现象，才能认识人生的本质，找到真正的智慧和无限的自由。你在积极和消极两方面都拥有无限的潜能。

每个人都拥有积极特质和消极特质，只是表现程度不同而已。

一说到积极，你会想到什么？勤奋、勇敢、努力、善良、幽默、乐观、坚韧……

消极呢？拖延、懦弱、虚伪、功利、浮躁、狭隘、自私、狠毒……

我们是否可以试着将自己积极的特质更多地表现出来？这需要你有很强的自省能力和长久的行动力。

我们可以设定自己的命运。就像我，我是一个比较倔强的人，也会脆弱、沮丧，甚至有时候想要放弃，但在内心深处，我是不甘认输的。世间有那么多的美好，为什么我不能享有呢？

生而为人不容易。宇宙经过亿万年的进化，才有了我们人类。如果你的生命总是处于萎缩状态，不去尽力绽放，那多可惜呀。所以每当我想要逃避时，就提醒自己：不要轻易当逃兵，要当一个挑战者。当逃兵很容易，当挑战者却很难，这是勇敢者才能走的路。

为了改变自己，我们要付出行动；只靠说和想，很难有什么效果。

就拿我来说，最近我遇到了一些烦心事，很无助，不知道怎么应对。我真的很想逃避，但我知道，这样是无法解决问题的。于是，我报了一个拳击班，几乎每天都去练拳。每次挥拳的时候，我都告诉自己，遇到障碍时，要像打拳一样主动发起进攻。正是这种积极的心理暗示，让我在面对困难时拥有了更大的力量。

我们要在生活中当一个主动的开拓者、挑战者，尽最大可能为自己设定命运，而不是坐等奇迹出现。

我相信，你一定可以。

我们的大脑里有一支神奇的特工队

有时候，我特别好奇，为什么人类会有这么多种情绪，可以哭，可以笑，可以忧伤，可以愤怒？在看了动画电影《头脑特工队》后，我对情绪有了更多了解。

主人公莉莉是个小女孩儿，原本和爸爸妈妈生活在美国明尼苏达州，因为爸爸工作调动的原因，他们举家搬到了美国旧金山。面对新环境，她产生了逃避和恐惧心理。

这期间，莉莉的情绪产生了一系列的波动。

莉莉的大脑里有五个情绪小人，它们分别是乐乐、忧忧、怕怕、厌厌和怒怒。

乐乐，活泼开朗，负责莉莉的快乐。当她掌控大脑控制台时，莉莉就会表现得很积极，用乐观的心态面对人生。

忧忧是一个慢吞吞的忧伤小人，时不时跑出来侵扰莉莉的核心记忆。当她掌控大脑控制台时，莉莉就会伤心流泪。乐乐经常盯着忧忧，生怕她一不小心闹出什么“幺蛾子”。

怕怕负责分析可能出现的危险事物，提前发出警告。但怕怕有时也会虚构危险，对一些并不存在的危险会以为是真实的。

一旦莉莉的生活中出现她不喜欢的事物，厌厌就出现了。比如西蓝花，这是莉莉最反感的食物。每当莉莉吃到西蓝花时，厌厌就会控制莉莉，导致莉莉出现厌恶的神情。

当莉莉受到攻击和威胁时，怒怒会第一时间掌控莉莉的大脑，让她做出回应。愤怒时的莉莉会摔东西，会大吵大闹。

其实人类的情绪不止这五种，还有惊讶、羞愧、焦虑等。电影为了方便我们理解，简单地将情绪分成了五大类。

没有人不喜欢快乐，大家都希望自己成为一个快乐的人。可我们总是会被其他情绪影响。失去心爱的东西时，我们会难过地流泪；遇到挫折时，我们会恐惧、害怕；被人伤害时，我们会愤怒、发火……情绪小人们轮番上场，我们的心情也就跟着起伏不定。作为一个有血有肉的人，我们有丰富的感情，这是正常的。

可是，我们都不喜欢负面情绪，也很难接纳它们。

每当我遇到不开心的事情，受到打击时，就会很难过。这时，大脑里另外一种声音就会跑出来指责我：你看看你，就这么个小事，你有什么不开心的，能不能乐观点儿啊……

当我对未知的危险感到恐惧时，大脑里另外一种声音又跑出来指责我：你能不能淡定点儿？总是怕这怕那的，你什么时候才能强大啊？

我也无法接受自己愤怒的情绪。我认为愤怒会让自己显得不够大气、不够稳重：怎么会因为一点点小事就发怒呢？

越是无法接纳自己的情绪，人就越痛苦。我希望自己可以一直乐观坚强，笑对人生，可是这很难做到，因为接纳自己的情绪需要智慧。我们总是赞美欢乐，试图呈现出自己阳光的一面，可欢乐不能代表我们人生的全部。

我有个朋友，他每次在人前都是春风满面的样子，总是竭力把最积极的一面展露出来。他的社交账号上展现的都是美好快乐的一面：健身、谈生意、打球、读书、旅游，让人一看就是一个会生活、有品位的人。

因此他有不少粉丝，大家都很崇拜他，经常给他点赞。久而久之，他觉得自己就应该保持快乐，这样才能得到别人的认可和喜欢。可是，现实生活中的他却不是这样的。他也会因为工作遇挫而难过，也会因为生活不容易而悲伤。但是，他无法接受这些负面情绪。他觉得难过让他不完美，所以他拒绝负面情绪，只想快乐。

可是，对我们来说，负面情绪真的是敌人吗？

五个情绪小人中，乐乐最不喜欢忧忧，可后来乐乐却拉着忧忧回到控制台，和忧忧一起调整莉莉的情绪。我们不必一直坚强，脆弱时可以哭一哭、忧一忧，流露出脆弱的一面会让你的人际关系更和谐。

如果你痛苦时还一直假装欢乐，那别人怎么能了解真实的你呢？当你把所有悲伤都隐藏起来，其实也阻断了求助的可能，你会更加孤独。

我就是这样，一直在我妈妈面前装得很强大，从来都是报喜不报忧。有一天，我妈妈给我打电话，说了一些事情，我心里不高兴，直接告诉她：“我心情不好，我很难过。”我妈妈听了后立刻停止了唠叨，开始安慰我……这个反转让我十分吃惊。

就像我那个朋友，他一直都表现得很坚强，每次都是他照顾别人，我们从来没想到他也会难过，也需要安慰。直到有一次，他实在憋不住了，告诉我们他很难过，需要大家陪他一起吃个饭。我们才知道：哦，原来他也会伤心。

每个人都会流眼泪。当负面情绪出现时，它其实是在提醒我们，也许我们需要做出改变。负面情绪不是我们的敌人，适当的负面情绪可以让我们更好地把控人生。

当然，我们也要注意，过度的负面情绪会限制我们的人生。比如在《头脑特工队》里，怕怕和怒怒总是虚张声势，把一些普通的事情解读成可怕的事情。我们要做的，就是不要让负面情绪打乱我们正常的办事节奏。

我们有时候会遭遇一点儿小困难，也许困难并不大，但心理上的恐惧却让我们不敢前进。如果总是恐惧，我们会失去很多成长的机会。

当我们愤怒时，整个大脑充满了怒火，行为会处于失控状态。这时候，我们尤其要小心，不要做出让自己后悔的过激行为。

我们追求的平静、喜乐的状态在现实生活中也许很难达到，因为人活着总是会面临各种各样的事情，情绪也处于变动中。但我们要知道，每一种情绪都有它的作用，我们要学会认识自己的情绪，接纳自己的情绪，然后根据现实条件做出最合适的行为。

你今天大笑了吗？

每当我在生活中获得一点儿成就时，就很想开心一下，想要大笑或者手舞足蹈，鼓励一下自己。可马上就会有一个声音跳出来指责我：你有什么资格快乐？取得这点儿成就有什么好骄傲的？难道忘了自己失意时狼狈的样子了吗？……然后，我就会收敛很多，努力克制情绪，保持平静，喜怒不形于色。

上中学时，读范仲淹《岳阳楼记》里的名句："不以物喜，不以己悲。"老师对此推崇备至，让我们好好体会。此外，我们学习的诗句"闲看庭前花开花落"，也追求含蓄宁静之美。

以前，我也向往这样的境界，想做一个不轻易动感情、不轻易表露自己心声的人。

可是，我还是希望自己能多一些哈哈大笑的时候。

对于人们来说，最受欢迎的笑是微笑，因为它是一种非常有力量的表达方式，是一种传染性极高的行为。TED演讲中有一个视频，讲的就是"微笑背后隐藏的力量"，里面提到经常微笑的人更积极乐观，寿命更长，也更容易获得成功。

有人在地铁里拍了一个视频，视频里，第一个人先是莫名其妙地大笑，不一会儿，很多人都跟着笑了起来，非常神奇。看这样的视频，相信你也会不由自主地笑起来。这个哈哈大笑的视频，我看了很多次，每次看着看着，都会跟着一起哈哈大笑，笑完后感觉心情舒畅。

对哈哈大笑最没有顾忌的是小孩子，他们看一部动画片会笑个不停，看见大人滑稽的模样也会笑。他们不会伪装，也没必要伪装。成人就不一样了，基本上，每个成年人在社会交往中都不得不带着“面具”示人。

记得有一次我去参加聚会，聚会上有大人，也有小孩儿。几个小孩儿吃饱喝足后围在一起玩儿“萝卜蹲”的游戏，玩儿得不亦乐乎，时不时爆发出响亮的笑声。有个家长也被拉进去一起玩儿，看得出来他很开心，但是好像不敢笑，一直憋着。当时，我很想跟他说：“你就完全放开哈哈大笑一次，这机会多难得啊！”

在我的记忆里，笑得最开怀的一次是在一堂高中英语课上。当时，老师讲着讲着发现大家都打起了瞌睡，于是放了一个憨豆先生的视频。这个视频很欢乐，全班同学都看得哈哈大笑，有的甚至开心得直拍桌子。

然后，老师接着讲课，却再没人打瞌睡了。那时，大家都还没有手机，无法从别的途径看憨豆先生，所以都很期待上英语老师的课。老师用这种方法不仅给我们带来了欢乐，还大大提高了课堂效率。

和幽默的人在一起，我们也会哈哈大笑。他们会出其不意地逗闷子、甩包袱，用一个又一个段子给大家带来快乐。所以我们要多结交幽默的朋友，和他们在一起，人的心态都会年轻不少。通常，这样的人在聚会时是焦点人物，其身边总会围着一群人。

当我们发自内心地哈哈大笑时，心情也会变得愉悦而欢乐，这就是积极情绪。积极情绪对我们有什么用处呢？正如积极心理学家芭芭拉·弗雷德里克森在她的书《积极情绪的力量》中所讲的：

积极情绪可以扩展你的视野，带着积极情绪，你的思想和行动将更加自发地浮现出来，你更加擅长设想前景和双赢的办法，你变得更善于建立持久的关系，给人带去友善而不是怨恨。

当我们大笑时，身体也是舒展的、活跃的。我们心跳加快，手舞足蹈，肌肉得到放松。对我们的健康来说，这是非常有好处的。

想一想，如果我们遇到两个人，一个看上去满面苦涩，另外一个则满面笑容，我们更愿意接触哪一个呢？当然是后者。即便是小婴儿，你要是带着笑脸去跟他互动，他也会对你笑。可如果你满脸凶相地和小婴儿互动，他很快会被你吓哭。

人们更喜欢那些爱笑的人，这是与生俱来的本能。一个经常开怀大笑的人，会活得快乐而惬意，也有更多人愿意跟他做朋友。

大笑既然这么迷人，那我们要怎么做才能经常哈哈大笑呢？

去听脱口秀。我很喜欢脱口秀，它是一种幽默的语言艺术，再加上演员的动作表演，很容易激发观众大笑。北京有很多脱口秀表演，三里屯的酒吧、南锣鼓巷的咖啡店，都有脱口秀表演。讲得好的脱口秀，可以让人忘却烦恼，在欢乐的大笑中度过一个愉快的夜晚。

我们也可以多和幽默的人交朋友。和幽默的人一起吃饭、玩耍时，他们会时不时冒出一些金句，让我们哈哈大笑，他们就是我们的开心果。

我们还可以多看喜剧，比如卓别林和周星驰的电影。在大笑之余，我们还能思考一下人生，可谓一举多得。

情绪低落时如何保持行动力？

很多人都有过这样的经历：心情沮丧时，什么都不想做，只想躺在床上呼呼大睡，结果越躺越难受。

心情不好时，带着不好的心情做事，事情一定会办不好。因此有人说，心情不好时要停下来，安慰安慰自己，等心情好了再说。

所以，我在心情不好时拒绝做一切事情。我天真地以为心情会慢慢好转起来，可后来发现这样做不行，因为应按原计划完成的事情越积越多，时间都被耽搁了。

想到一大堆事在等着我解决，本来就沮丧的心情更加沉重了，甚至还产生了一丝恐惧。我在痛苦中辗转反侧，发现所谓的“等心情好转了再干活儿”这种说法并不靠谱。

有一次，我与别人产生了矛盾，心里很难受，想找个地方大哭一场，缓解一下心中的苦闷。

正想哭呢，一个紧急的工作任务来了，领导要求我马上完成。我只好强忍住眼泪，全身心地投入到工作中。我为了那个任务加班到凌晨，完成后特别累，脸都没洗就睡了。第二天起床时，我突然想起来，昨天晚上还没哭完呢，但现在我已经哭不出来了——彼时伤心难过的情绪随着我的行动已经被消解了。

所以，心情不好时，没必要被动地等待。我们可以试着行动起来，不要指望情绪推动行动，而要努力让行动改变情绪。

心理学家伯恩斯谈到抑郁症患者的思维时说，抑郁症患者总以为先有动力才能行动，这种思维是片面的。很多时候是行动在前、动力在后。

也就是说，你本来对某件事不感兴趣，不想去做，可如果你努力尝试一下，动力随后就来了。

我曾经和一个叫王永的健身爱好者聊过，我很羡慕他，问他是怎么做到一周能去健身房好几次的，因为我没有动力去健身——太累了。

王永说，其实他也不想去。他每次看着教练安排的训练表，心里就发怵。加班一天回到家，还是躺在沙发上喝着冰可乐看着电视剧更爽，谁想去健身，健身多痛苦啊！

但是，他又想，报健身课程花了那么多钱，不去太可惜了，于是他就强忍着内心的挣扎和煎熬，换好运动服，去健身房接受教练的“无情摧残”。

当他在教练的指导下专心投入训练时，神奇的事情发生了：他的心情越来越好，健身让他感到快乐。等训练完毕，他的心情简直可以称得上是兴奋，成就感满满。至于之前的挣扎、纠结，已经不翼而飞了。

王永后来掌握了这个心情规律，下次再去健身时，不管心情怎样，先换好衣服去健身房再说。

我们的情绪随时都在变化，一天之中，心情起起伏伏，莫名其妙地开心、难过，捉摸不定，有时根本不受控制。可是，我们不能因此就成为心情的奴隶，我们要拿回掌控心情的主动权。

有一次在家里，我戴隐形眼镜，结果没有戴好，两个戴反了。

我只好取下来，又一通折腾才戴好。我很生气，心情低落，什么都不想干了，只想躺在床上睡觉。

可理智告诉我，不能就那么躺着，我得做点儿什么才行。我去洗衣服、扫地，然后准备下午做一个剁椒鱼头。忙活一阵后，我心情好转不少。

我给自己总结了一个小方法：心情不好时可以做一些事情，例如整理东西、打扫房间、洗澡洗衣服、把该扔的东西扔掉……之后，心情就会变好。

人是需要成就感和自我效能感的生物，如果没有这些，我们就会被无助感包围，什么都不想干。所以，如果再遇到难题，我们不要一个劲儿钻牛角尖，可以先做点儿其他轻松的事情，获得一点儿成就感，然后再继续攻关。

有时候，我们迫于外界压力，即使心情再沮丧，还是会做一些事情。等到真正行动起来，你会发现沮丧的情绪慢慢减轻了，你以为无法控制的情绪，其实竟然是可以改变的。

比如说写作这件事，很多人刚开始写时，内心哀怨纠结，担心写出来的文章没法看。可如果你坚持写下去，到后面就会越来越顺利，写得停不下来，写得很快乐。你也不再担心写得好不好，只想沉浸在文字中，把想法表达出来。这就是行动的力量，它把我们的心情不知不觉地做了调整。作为一个长期写作的人，我经常能够体会到这种感受。

当你躺在床上拒绝行动时，会觉得自己什么都做不到，一个劲儿地自责抱怨。可一旦爬起来开始做事情，哪怕是非常简单的事情，你的心情也会马上随之改变。

行动才是改变情绪的法宝，心情不好别害怕，再难过也要试着做点儿事情。

英国著名心理学家克莱尔·威克斯曾写过一本书——《精神焦虑症的自救》，他在书中谈到的关于情绪和身体之间关系的内容让我受益匪浅。

他说，有时候人感觉疲惫，其实只是情绪的疲惫，而并不是身体劳累。这个时候，并不适合长期休息，而应该找点儿事情做，这样情绪疲劳反而会得到缓解，身体肌肉也会得到锻炼。

有的抑郁症患者长期待在家里，其实那样对于缓解症状不会有任何好处。克莱尔·威克斯会建议此类患者出去找些事做，这样反而能够让病情好转。

心情不好时，我们还可以借助其他方法调整自己。我们可以寻求亲人或者朋友的情感支持，保持基本的生活规律。我们还可以通过写作抒发情感，做点儿力所能及的事情。

行动是救命的法宝，它可以带着我们逃离情绪“黑洞”。

如果你抑郁到木僵状态（指一种高度的精神运动性抑制状态，并经常保持一种固定的姿势），没有任何行动力，就要勇敢求助，让家人或者朋友带你去看医生。如果只是情绪低落，但行动力尚存，不妨做点儿事情。人这方面的自愈能力是超乎想象的。

在我的书桌上方贴着积极心理学家泰勒·本·沙哈尔对写作看法的纸条，他是这么说的：“我每天早上写作，不会等有灵感，不会等有意愿。写作的时候，前5分钟很痛苦，也许等5分钟、10分钟后才有动力写。先行动，才有灵感或者动力。有时候，生活会很艰难，会很有挑战性。只有通过行动，人才会变得更加有动力。”

每次我有所懈怠时，就抬起头，看看这段话。它为我增添了力量和勇气。

控制愤怒，做一个理性的人

在生活中，我们心情愉快时表现出来的行为受人喜欢，而愤怒时表现出来的行为可能就不那么优雅了。很少有人在心情不佳时还能做到温润如玉——除非是修养很高的人。

我们愤怒时，表现出来的是什么样子呢？有人怒吼，有人破口大骂，有人打砸东西，有人对他人使用暴力……

愤怒一旦来临，便如火山爆发，势不可挡。有的人会审时度势，克制愤怒；有的人无法克制，不顾及自己的形象当即发泄怒火。

记得在一次聚会上，一位朋友带来了他新交的女友。吃饭时，服务员在端菜的时候不小心把菜汤滴到了她的手机上，还没等服务员反应过来，这女孩儿立即破口大骂。服务员忙不迭地道歉，说帮她贴一个新的贴膜。这女孩儿不听，继续说了一些在旁人看来跟她的形象完全不符的脏话，让我们一桌人面面相觑。

朋友一看，觉得面子上过不去，就让服务员先走了，对女友说一会儿去换个好看的贴膜。这场小小的风波总算平息了，大家开始吃菜。

刚吃没多久，那女孩儿发现自己的名牌口红丢了，又开始抱怨起来。她很生气，说自己的口红是在国外买的，非常贵。朋友赶紧说再给她买一个，女孩儿才停止了喋喋不休。大伙儿虽然心里都有点儿郁闷，但都没说什么。女孩儿吃菜时，也许是心里有气，连拿筷子和放水杯的动作都带着气，脸上本来漂亮的眉毛拧到一起，看着让人生厌。我心里不舒服，菜也吃不下去了。

那顿饭大家都吃得不开心，本来说好吃完饭一起去唱歌的，结果谁都没心情去了，早早散了伙。

那女孩儿在发火时完全不顾及周围的人，自然引起了别人对她的反感。而她留给别人的第一印象也很糟糕——不懂得控制愤怒，最后受损失的只能是自己。

最常见的愤怒还经常发生在堵车的时候。人们常说，想了解一个人的性格，最简单的方法，就是看其在堵车时的表现。很多开车的人都有“路怒症”，这种症状在堵车和被人超车时表现得最为明显。

我曾经坐过一位男性友人开的车，他的举止让我大跌眼镜。

别人超他车时，他就用怒骂回敬，还试图跟人家抢车道。堵车时，他会一直狂按喇叭，口中抱怨不断，搞得车上其他人心情不佳。走错了路，他更是骂声连天。坐他的车就是一种煎熬，让人在途中有跳车逃离的冲动。

愤怒来临时，如果我们掌控不好，会出现什么样的后果呢？有新闻报道过这样的案例：

一位女士在火锅店吃饭时，因服务员上菜迟了，愤怒地骂了服务员，还拍照发微博。后来，服务员端起滚烫的开水泼到了那位女士头上。女士被紧急送往医院，而服务员则因故意伤害罪被警方逮捕。在这起事件中，两个人都用了不恰当的方式表达愤怒，最后的结果当然是两败俱伤。

愤怒来临时，到底应该怎么办？是义正词严地说理，还是毫无逻辑地谩骂？是随手打砸东西，还是控制自己的行为合理表达感受？

有人说，愤怒一定要发泄出来，不然憋着难受，别人也会觉得你好欺负。也有人说，人要学会忍耐，不能随便发火。心理学家阿尔伯特·埃利斯在《控制愤怒》一书中谈了他的看法。

阿尔伯特·埃利斯认为，不管是直接发泄愤怒还是间接发泄愤怒，不仅不会减轻愤怒，而且会损害健康。因为愤怒时，我们的身体会发生生理变化，神经处于“应战”状态，很有可能导致动脉损伤。

那愤怒时暂停可以吗？阿尔伯特·埃利斯认为，这也不是个好办法。因为暂停愤怒从长远来看负面情绪并没有太大改变。

那我们应该如何控制自己呢？阿尔伯特·埃利斯给出了一个充满智慧的建议：情绪失控时，用理性情绪行为疗法控制自己。

他认为，我们之所以会愤怒，其实和外部事件没有太大关系，而是我们自己的看法造成的。这样的说法和我们平时的看法区别真的很大。我们总以为自己会愤怒是因为别人欺负了我们，对我们不公平。现在看来，这种看法未必正确。

在理性情绪行为疗法中，有一个ABC理论。

A是指诱发事件，比如说，你在餐厅吃饭，服务员上菜慢了，这就是一个诱发事件。

B是你的信念体系、思维方式，拿上面的例子来说，就是你如何看待上菜慢这件事。如果你认为服务员很可恨，故意给你上菜慢，你就会愤怒。如果你认为吃饭的人多，厨师们做菜需要较长时间，所以服务员上菜慢，你就能够理解他们。

C指的是情绪或行为结果，也就是你最终呈现出来的状态：要么保持平静，要么发怒，甚至出手伤人。

同一件事，人们的想法不同，呈现的结果就不同。在餐厅吃饭，有的人只要服务员动作稍微慢一点儿，就会怒火连天，恨不得把服务员揍一顿。有的人呢，则会气定神闲地和服务员沟通，不会发火。

人和人之间，为什么会有这样的差别呢？这是因为人们对事情的看法不一样。有的人会采取理性信念，有的人则会采取非理性信念。也就是说，ABC理论中的B决定着我们的情绪和行动。

如果服务员上菜慢，你又很想吃这家饭店的菜，站在服务员的立场考虑，觉得其未必是故意拖延，这采取的就是理性信念。你会和服务员好好沟通，确认一下上菜时间，这样也许会有些失落，但不会出现情绪失控的情形。采取非理性信念则相反，你会觉得服务员素质太差，恨不得大骂他们一顿，再掀桌子离开——这样的话，很可能会导致严重后果。

在现实生活中，当愤怒来临时，我们很难做到理性思考，但我们可以训练自己朝着这个方向努力。我们可以多分析自己的思维，看看究竟是属于理性信念，还是属于非理性信念。

如果不够理性，那我们是否可以做出一些改变？在不断的练习中，我们的情绪控制能力一定能得到提高。

打开心灵枷锁，看更美的风景

电影《心灵捕手》中的主角威尔是麻省理工学院的清洁工，在打扫卫生之余，他会偷偷解算列在黑板上的方程式。蓝勃是麻省理工学院的数学教授，他在课堂上给学生留了作业：解算傅里叶方程。这个方程很难，蓝勃教授并不指望有人能快速解出来。但没过两天，学生们就在走廊的黑板上发现了傅里叶方程的解答步骤。

教授很震惊，后来，他知道是清洁工威尔解算的，于是就有意辅导威尔学习。

但威尔的性格有些问题——他是一名孤儿，先后被送到五个家庭寄养，在有些家庭甚至还受到过虐待，这样的经历导致他有一些心理问题。长大后，他经常和朋友厮混在一起，喝酒打架，还时不时钻法律的漏洞，把法官气得心里直冒火。

蓝勃教授请来几位心理医生为威尔做心理治疗，可那些医生都被威尔气跑了。无计可施的蓝勃教授只好去找他的朋友——心理学教授肖恩先生。

肖恩一开始也遭遇了阻力，威尔根本不配合他的治疗，甚至故意激怒他，说他娶错了妻子。实际上，肖恩教授的妻子早已经因病离世了。威尔的刻薄并没有让肖恩退缩，他包容、接纳了威尔的一切消极行为，甚至可以和他面对面坐着一句话不说，且一坐就是一个多小时。

在治疗威尔的过程中，剧中几位主角的心理矛盾也一一浮现出来，原来，他们每个人的心灵都带着枷锁，与其说他们在治疗威尔，不如说威尔同时也在治疗着他们。

几人之中，威尔的枷锁是最沉重的。他有着惊人的天赋，可他并没有好好发挥。为了不被朋友们抛弃，他放弃蓝勃教授为他争取来的面试机会，跑到工地上和朋友一起干活儿。

他在酒吧认识了在哈佛大学读书的女孩儿斯凯兰，女孩儿被他的才气所打动，二人成了恋人。当斯凯兰要去加州医学院读书，并邀请他一起去加州时，威尔害怕了。他认为斯凯兰对他不是真爱，只不过是把他当作底层小人物戏耍一番，她最后还是会嫁给有钱人。这样的推断让他害怕，于是，他逃跑了。

肖恩教授在治疗过程中发现了威尔在亲密关系中遇到的困惑，他对威尔说了这样一段话："你不完美，你认识的女生也不完美，问题是你们是否完美地适合彼此——亲密关系就是这么回事。"

威尔对斯凯兰的看法，是一种武断的贴标签的行为，这是威尔的心灵枷锁使然。而在现实生活中，内心带着这种枷锁的人还真不少。

我有一个"闺密"，她在大学毕业那年认识了一位男生。那个男生风度翩翩，品貌俱佳，对她很关心，还帮她找工作、找房子。后来，闺密偶然知道了男生是富二代，他的父亲是某集团公司的董事长，男生毕业后会进入家族公司工作，成为公司接班人。

闺密觉得富二代男生只是因为无聊找乐子才追求她的，于是，她中断了和那个男生的交往。她对我说，富二代都是花花公子，自己招惹不起。那男生突然被抛弃，想知道原因，就托人来问是不是自己哪里做得不好，让闺密生气了。

闺密说那个男生在追求她的过程中一直非常尊重她，没有任何轻佻之举。她只是因为自己的原因而拒绝了他，而且拒绝得很彻底。

多年以后，在一场饭局中，大家又聊起了那位男生。出人意料的是，大家都在夸赞他，说他很优秀，沉稳大气，非常自律，而且对老婆特别好。原来，那个男生并非我闺密以为的“花花公子”，他的妻子也不是门当户对的大家闺秀，而是跟闺密一样，是普通人家的女孩儿。

闺密心上的这道枷锁，其实来自她的母亲。她母亲经常说：“不要和有钱人家的孩子走得太近，他们会看不起你；不要找长得帅的男娃，他们容易变心。”闺密也不反抗，甘愿带着这样的枷锁生活。美好温暖的感情，在她看来是一种奢望。

我们爱一个人，到底是爱他的全部，还是只爱他优秀的一面？如果你发现心中完美的他有瑕疵和缺点，你还会爱他吗？

除了少部分天生快乐的人，我们大部分人或多或少都有心理方面的障碍，我们给自己设限，我们畏手畏脚……我们渴望尝试，却迟迟不敢行动；我们渴望爱，却不敢靠近他人。

很多时候，我们活在自己编织的牢笼中，生命因此萎缩。

意识到枷锁的存在，就要想办法打破魔咒，只有这样，我们才能体会到真正的成长。

Part 3

有目标的人更容易摆脱无力感

赚到多少钱才有资格快乐？

昨天，一位小师妹给我发微信，说自己感觉非常委屈。

她在微信朋友圈看到有个人发评论说月薪3000的人没有未来和希望。那人还说，穷人就不应该享受生活，应该以贫穷为耻，把努力赚钱当作第一任务。那个人认为："作为一个穷人，你有什么资格快乐？"

小师妹看到这段话，感觉被深深地刺痛了，因为她就是那个人所说的穷人：她刚毕业，月薪不到3000，还在实习期，和同学合租一间寝室，生活捉襟见肘。

小师妹本来并不认为自己活得耻辱。虽然工资低，但她并没有屈服于现实。平时上班她努力工作，下班后抽时间学习，有时会和同事去逛街、看电影，在书店看到好书也会买回家阅读。在没看到这段评论之前，她觉得生活充满希望。

她是个农村孩子，知道金钱对一个人生活的重要性，也知道年轻人应该把重心放在事业发展上。可是，工作固然重要，可她也不想错过生活的精彩，不想只当工作狂。所以，那个人说穷人没有资格快乐，深深刺痛了小师妹的心。

她问我："我现在赚钱少，我贫穷，可为什么贫穷就没有资格快乐呢？难道我每天必须愁眉苦脸地活着，才符合人们对穷人的想象吗？师姐你告诉我，我究竟要赚到多少钱，才有资格快乐？"

她的疑问，我无法用简单的一两句话来回答，因为我也在这个疑惑中挣扎过。

必须拥有某种东西，你才有资格快乐。

我们从小就接受了这个观念。父母告诉你："你必须考第一名，考满分，我才会带你去公园玩儿，给你买喜欢的玩具，否则，你就要接受惩罚。"老师告诉你："必须考到前几名，才能给你发奖状……"

我小时候经常得奖状，但我有个小伙伴，几乎从没得过奖状。他喜欢玩儿，玩儿的时候还特别有想法。而且他为人仗义，经常帮助大家，我们都喜欢跟他玩儿。

有一年放暑假，我照例领了奖状，然后和小伙伴们去河里逮鱼捉虾，玩儿得不亦乐乎。暮色降临时，小伙伴的妈妈找了过来，看见他就是一通打，骂他脸皮厚，没有得奖状竟然还好意思出来玩儿，让他回去写作业。

小伙伴被打得哇哇大哭，说他是作业写完了才出来的，可他妈妈就是不听。最后，他只能可怜巴巴地跟着妈妈回去了。剩下我们几个人也没心思继续在河边玩耍了。

我的心情异常沉重，被恐惧笼罩着，感觉如果下一次我得不到奖状，是不是也没资格玩耍了？

长大后我才发现，在这个世界上，大家似乎都默认了我们必须拥有一些东西才能获得他人认可，才有开心的资格。如果什么都没有，你还敢快乐，那你就是个没有羞耻心的人。在这种游戏规则的支配下，我活得很努力，可快乐也离我很遥远。

我努力工作，一心想着要成为公司业绩最好的人。因为每次回老家，各路亲戚总是会问我赚了多少钱：如果赚得多，他们就会夸我；如果赚得少，他们就觉得我能力不行。

那时的我和小师妹有同样的困惑："一个人究竟要赚到多少钱才有资格快乐？才能扬眉吐气？"

人们关于金钱的比较无处不在，好像只有拥有很多钱，站在食物链的顶端，才有资格喘口气、笑一笑。不然的话，你就是个loser（失败者），不配快乐，很多东西你也不配追求。

如果说，一个人只有拥有了名车豪宅、巨额存款，才有资格追求幸福的话，那估计世界上80%的人都过着暗无天日的悲惨生活。

因为根据二八定律，这个世界20%的有钱人拥有80%的财富。如果照这个逻辑分析，似乎只有这些有钱人才有资格快乐。

有一次我辞职了，然后一直没找到工作，感觉很迷茫。这期间，我见到了一个老同学，当得知我在"思考人生"时，她给我上了一节课。她说："你一个农村孩子，不抓紧时间赚钱，还悠闲个什么劲儿？"

我问她："那我们要赚多少钱才能悠闲一下？"这问题把她问住

了，她说不知道，好像不管赚多少钱都没办法放松自己。

有一天，我在商场里花199块钱买了两个包，很喜欢，特别开心，就发了朋友圈分享快乐。结果有个人评论："这么便宜的包，值得你这么开心吗？"当时，我感觉就像一盆冷水浇到了头顶。便宜的包就不能让人快乐吗？不能否认，金钱可以带给我们很多东西，比如安全感，"买买买"时的快乐，为朋友、家人付账的幸福感，入住豪华酒店时的惬意……可是，如果我们现在所赚的钱达不到某个标准，就必须活得很压抑吗？

如果我们一直没能拥有名车豪宅、巨额存款，我们就只能低着头生活吗？我们就必须痛苦一辈子吗？我们的快乐只能由金钱来决定吗？

金钱带来的人生快乐只是其中一个方面，那些赚钱多的人未必有想象中那么快乐。

我认识一个设计师，他非常富有，是标准的工作狂，平时不是在加班就是在开会。他什么都不缺，经常住五星级酒店，在米其林星级餐厅吃饭，参加各种高端宴会。我们都很羡慕他。

可是，他却说自己很孤独，被抑郁症困扰。他觉得自己赚钱不少，却没人可以分享，不知道赚钱有什么意义。

反倒是那些在我们看来贫穷的人，活得却很快乐。比如，我的另一个小师妹，她的月薪也不高，却活得十分洒脱惬意。她对待工作和生活都很认真，对待朋友十分真诚。最重要的是，她能体会到日常生活的"小欢喜"。

虽然租住的房子很小，可她会把房间整理得干净整洁，偶尔还会买些花装饰一下；没钱去名贵的景点旅行，和好朋友一起去公园野餐也很开心；没钱报昂贵的培训班，她就报了网上课程，享受学习的快乐；不能给父母买贵重的礼物，可她经常回家陪父母，给他们做他们喜欢吃的饭菜……

这些小幸福、小快乐，在那位有钱的设计师看来是不值一提的。因为他想不明白，为什么一个人赚钱那么少，却能活得那么开心。

是的，他也觉得，赚钱少的人没资格快乐。当年他穷的时候，一直埋头工作，从来不去玩儿。本来有个女孩儿喜欢他，可他觉得对方条件太好，自己配不上人家。他现在有钱了，可还是体会不到真正的快乐。就算找了女朋友，也没空儿陪人家，最后只能以分手结束。

和他相比，我倒觉得上面这位小师妹更有人生智慧。我们赚钱的目的是什么？不就是为了更好地享受生活吗？金钱是工具，可以让我们更好地享受。可如果我们被金钱捆绑，连快乐都体验不到，那是不是有点儿舍本逐末了呢？

有没有资格快乐，不应该由金钱多少来决定，而应该由你自己的想法来决定。如果你认为自己必须成为世界首富，你才有资格快乐，那这一生你都会在挣扎中度过。

快乐不需要别人给予，当下就可以体验快乐。只要认真生活，就可以体验生活的美好，就能感受到快乐。

人生应该做减法

如果我说，人生要做减法，你一定会觉得很奇怪吧？

人生不是要做加法吗？所有人都在拼命地学习新事物，找好工作，去更多地方游玩，认识更多的人……大家都在拼命地往自己身上增加头衔、工作经验、财富、地位、人脉……这些东西不都是越多越好吗？

可我今天想说的减法，指的是我们要挣脱更多的心理束缚。

幼年时，我们为了学走路和说话，会摔好多次跤，会发出模糊不清的音调。那时的我们不会顾及别人的目光，摔倒了就爬起来继续往前走，说话音调不清也没人笑话我们。

但是成年后，很多人却变得越来越胆怯，很少有人能不顾忌别人的目光去做自己喜欢的事情。我们总是害怕失败，害怕被别人嘲笑……我们常常带着一副沉重的枷锁在生活。

我学过拉丁舞，刚开始就是一个人跟着老师跳，学习最基础的动作。基础动作学会后，要找舞伴配合，学习舞蹈套路。大家都开始挑选舞伴了，我却站在那里不敢动弹。

我担心自己跳得难看，让舞伴难堪，所以不敢行动。到最后，别人都找好舞伴了，只有我没有。后来，每次练舞时，我都是一个人在那里乱比划，场面特别尴尬。教拉丁舞的老师实在看不下去了，就亲自带我。

老师亲自带我，我更加紧张了，越紧张就越容易出错。我老是踩到老师的脚，老是在意别人会不会看我的舞蹈姿势是否优美，结果根本没有把注意力放在自己身上。

到后来，好不容易把一个套路学习完了，然后是自由搭配练习。由于我一直担心自己跳得难看，所以每次跳舞时总对舞伴说："对不起，我跳得不好。"

你看，当时的我就是这么没有底气和自信。

一个男生跟我跳过后说："你跳得挺好的，就是缺乏一点儿气势，你太在意别人的目光了。"拉丁舞培训很快结束了，我一直记得那个男生说的话。换做别人，可能会更加努力去练习。我却因为害怕别人的目光，再也不敢去学了。那些束缚着我的恐惧，使我裹足不前。

我还学过电子琴，但却是跟几个小学生一起学的。刚开始练琴时，我的指法错了，老师就过来纠正我。其实，那是善意的指导，而我却以为是自己没有天赋，不适合学琴，所以勉强学了几节课后，就没有继续下去。

刚开始学习新东西时，人是很容易犯错的，而我却因为太在意外界的看法，始终是浅尝辄止。

背负着担子前行，行动起来就不会轻松惬意，总是会瞻前顾后，无法把注意力全部放在自己身上。

小时候，有个亲戚家的小女孩儿到我们家玩儿。当时，电视上正在播放一首歌曲，那女孩儿大声跟着唱起来。其实她唱得有点儿走调，可她并不担心，还是唱得很投入、很开心。我很羡慕她，可我不敢唱，我生怕自己唱得难听被别人笑话。后来我和朋友去KTV唱歌时，我也不敢唱得声音太大，怕别人听见我唱歌走调。

如果我们可以战胜对失败的恐惧，轻松上路，专注前行，那该有多好啊！

心理学家泰勒·本·沙哈尔在他的《哈佛幸福课》中讲了这么一个故事：

曾有人问米开朗琪罗："您是如何创造出《大卫》这件作品的？"

米开朗琪罗回答："很简单，我去了趟采石场，看见一块巨大的大理石。我从它身上看到了大卫，凿去多余的石头之后，《大卫》就诞生了。"

这个故事让我开始思考自己的人生。

小时候，我们摔倒了不会害怕别人的嘲笑，而是马上爬起来往前走。老师让大家上台表演鸭子走路，我第一个上去表演，把大家逗得哈哈大笑，从没想过演得不好大家会笑话我。可为什么随着年龄的增长，我怕这个怕那个，给自己的限制越来越多了？

后来我总结过原因，也许是随着年龄的增长，接收到的外界影响增多了。比如，事情搞砸了被大人责骂，被老师训斥……渐渐地，就对失败产生了强烈的恐惧感，然后发展成“只能成功，不能失败”的观念。

可人生哪有那么多如意的事情呢？每一次新尝试都有可能遭遇挫败。如果你害怕挫败，什么也不敢尝试，那这一生还会有什么成长？我去拳馆学拳击时，总是不敢出拳，怕出错，怕难堪。教练就鼓励我：“打吧，如果打得不对，我会纠正你。”在教练的鼓励下，经历无数次错误后，我终于掌握了正确的拳法。

我发现，当我不再担心出错，不再担心别人的嘲笑时，我的注意力会更加集中。当我全身心地投入到当下正在做的事情上时，做事的效率会提高，心情也会变好。一个人不管做什么事情，都有可能犯错，也会被别人嘲笑。你看那些非常优秀的人，比如大作家、著名科学家、明星、总统，不管他们地位多高、名气多大，他们也有失败的时候。

在这个世界上，想找一个没有经历过失败、挫折的人几乎不可能。想学习新事物，掌握新技能，就无法避免失败。失败了就继续努力，寻找新的方法。那些嘲笑我们、拖我们后腿的人，就尽量“屏蔽”他们吧。

每个人都有巨大的潜能。当我们减掉内心的精神负担，卸下对失败的恐惧时，这些潜能就会更好地发挥出来。希望每个人都可以为人生做减法，早日发现属于自己的“大卫”！

要自由，不要当木偶

我们每天都面临选择：吃什么，喝什么，买什么样的东西，和谁说话，工作应该如何进行……

当选择太多时，我们就会陷入纠结之中。吃什么喝什么还好选择，就算选的东西不对，后果也不会很严重，因为我们都承担得起。

可关于人生的大选择，有时候会让我们手足无措——找什么样的工作？交什么样的朋友？和哪个人谈恋爱？和哪个人结婚？在哪个城市定居？什么时候生孩子………

我真希望能有一个标准答案，然后什么也不用想、不用选，就按照这个标准答案做就好了。可人生哪有这么容易。

我大学毕业后，做过一份建材销售工作。公司老板业务能力很强，我特别佩服他，他也很器重我。在他的指导下，我很快签下了一些大单。我暗暗给自己鼓劲儿——我要跟着老板努力奋斗，走上人生巅峰。

然而，现实很快打了我的脸。我发现这个老板不但弄虚作假，还会让员工无条件服从他的价值观。当我对他的价值观提出质疑时，他就对我进行打击式洗脑，说我是傻子，说社会就是这样。他还发动其他人一起来对我进行洗脑，试图让我放弃自己的想法。

他说，他才是对的，说我太单纯、幼稚，不了解社会的真实面目。我当时非常痛苦——一方面，我业绩很好，也喜欢销售工作，放弃这份工作的话实在是不甘心；另一方面，我也确实需要钱，如果我睁一只眼闭一只眼，那赚钱不是什么难事，我也不用住在城中村了。我可以到市区租一套条件好的公寓，还可以买那些我早就看中的衣服、鞋子和包包。金钱带来的诱惑，真的很大。

我在痛苦中煎熬了一段时间，最后还是决定放弃，重新开始。

那个老板让我知道，我无法选择做恶的事情。如果说我被蒙在鼓里，分不清善与恶，那我需要提升智慧。可如果我已经分清楚了善恶，那我必须做出取舍，否则内心无法安宁。

如果说价值观有标准答案的话，那就是不能做恶。这应该是一个人的基本底线。

如果我们的价值观模糊不清，不知道什么是善恶，就会像木偶一样，被别人随意操控。我说的那位建材老板，后来还是有不少人继续跟着他赚钱，无所谓善恶——而这恰恰是我万万不能忍受的。

我是个很能折腾的人。我的老同学可以在一个地方待很久，安稳地结婚生娃，我却不行。我喜欢变化，渴望看到更有趣、更新奇的东西。我害怕自己被时代淘汰，所以一直在改变。

可当我接触到新奇的观念后，难题又来了：人们都说自己的生活方式是最正确的，那我该相信谁呢？有的说去一线城市，有的说去中小城市，还有的说去村里……众说纷纭。

在不断折腾的过程中，我厌倦了选择。我希望自己能找到一个人生偶像，然后跟着他的脚步来，这样，我就不用做选择了。当一个精神上的木偶，也许会轻松自在一点儿。可是，我发现精神木偶也不是好当的。

比如结婚生娃这件事吧。

A说：结婚生娃要趁早，先成家后立业。尤其是女人，不要耽搁。

B说：女人啊，要先有自己的事业，不要只想着当一个生育工具。

C说：结什么婚，生了娃你就得“丧偶式育儿”。养孩子这么贵，如果经济条件不够好就不要结婚生娃，否则对不起孩子。

都说得挺有道理，该听谁的？我们只能自己去发现，去思考，自己去找到最适合自己的人生之路。别人的话，只能作为参考，不能照单全收。

有一次，我喜欢的两个作家，因为某件小事“开怼”了，我再一次迷惑了——我想要跟随的人，他们的观念也随时在变化。

是啊，如此盲目地跟随他们，是不靠谱的。

今天，某个“大V”说把房子卖了，租房住才是潮流，你听后急忙把房子卖了。过几天，这个“大V”又说，还是得买个房子才有安全感，你又赶紧去买，结果发现钱不够。所以，当一个不加判断的精神木偶是要付出代价的。

有一次，我所敬仰的一位大咖突然开始在微博上炫耀自己的地位和名利，尖酸刻薄地攻击穷人。这让我既失望又沮丧，因为平时的他总是在传递爱与平等这样的普世理念。

当我只想轻松地跟随别人走路时，我发现这很难。因为别人传达出来的观念未必是他真正的价值观，很有可能是一种伪装。而且，别人的观念也随时在变化。

每个人都应该探索出自己的人生路，这是一个艰难的过程。寻找的过程可能会让人备受折磨，可只有靠自己，我们才能发现人生的真理。

如果人生非要有一个标准答案的话，我想大方向是有的。人生之路的指向应该是：走能够让你变得更强大、自由、幸福和快乐之路。

忙和累不是人生标配，我们可以带着欢笑前行

一位朋友在工作之余喜欢到处拍照，这是他的爱好。他参加聚会时，兴奋地拿出照片，本想跟别人分享，却被其他人鄙视，大伙儿都说他不务正业。

朋友很苦恼，他觉得自己拍照归拍照，可工作起来还是很负责的。他从来不觉得忙碌有什么好吹捧的，可为什么大家都在追求这种状态呢？人们都推崇“996”和“007”这样的工作方式，可那就是人生的标准吗？

在大都市里，“忙碌”是一个正确的词。有段时间，我在北京国贸大厦上班，为了躲开早高峰，每天早上6点多就起床去坐地铁。我觉得自己起得很早，可到了地铁车厢里，还是没有座位。我很纳闷，怎么大家都起得这么早啊？

如果起床起得晚了，到了早上八九点，地铁10号线人挨人人挤人，等来好几趟车都挤不上去。我看着满车的人，只能无奈地摇摇头。

当我把自己努力工作的照片发给一个好友时，他夸我：“你终于知道奋斗啦，看到你忙起来，我就放心了。”之前，他看到我在朋友

圈晒吃喝玩乐的照片时，就痛心疾首地批评我："年轻人，你要努力工作啊，你要忙起来啊，这样可不行！"

他是工作狂，带着一个团队，经常加班，最看不惯别人懒懒散散的样子。被他批评的次数多了，我后来一发吃喝玩乐的照片，就下意识地把他屏蔽。

我内心并不认同忙碌就是人生的全部。我喜欢的生活是能够悠闲自在、有趣且有意义地活着。工作的时候认真工作，工作完成了就去找朋友谈谈人生，或者去拳馆打拳……我喜欢探索各种好玩儿的事情，那是人生的盐。如果没有这种盐，人生就没有滋味。

在这样的节奏下，我活得开心，做事情也有效率。当然，这并不意味着我很懒惰，而是在这种状态下我更愿意付出行动，更有创造力。你看我是在悠闲地喝茶，但我的大脑里，也许可能正在构思新的小说情节。

可当我发现别人都是忙碌到连吃饭的时间都没有时，我就在想，自己是不是太悠闲了？是不是已经被淘汰了？

于是，我也刻意追求忙碌，生怕浪费时间。我放弃了各种休闲娱乐活动，结果搞得自己疲惫不堪。

我认识一位诗人。他也曾在职场打拼，做过大公司的营销总监。他每天辛苦奋斗，非常忙碌，只能在加班后的夜晚，读读诗集，写上那么一两句。工作又忙又累，他对诗歌的热爱之心也就慢慢减退了。他要关心职场上的KPI（关键绩效指标），关心下属的工作效率，每天忙得连轴转，写诗成了一件奢侈的事情。

后来，他辞职了，开始当自由职业者，从热闹的市区搬到了郊区。平时，他会根据自己的情况偶尔接点儿兼职工作，其他大部分时间都是在悠闲自在地喝茶、读书、写诗。他觉得，这才是他想要的生活——不需要那么忙碌，也可以体验到人生的幸福。

当然，现代社会的主流观点还是人要努力工作赚钱养家。如果你总是一副悠闲自在的状态，大家往往会觉得你这个人没有上进心。

而实际上，人人只看你飞得高不高，却少有人关心你累不累。一个从大学刚毕业的小男生告诉我，他每天都很忙碌，工作结束后还去做兼职，拼命赚钱，保持忙碌的状态。年轻人嘛，哪里有玩耍悠闲的资格。他把自己逼到极限，疯狂压榨自己的体力和脑力。现在的他每天都做噩梦，而且十分焦虑，活得痛苦不堪。

我劝他说："你找个时间出去玩儿玩儿，玩儿够了再回来工作。"

他说："我没有时间，大家都在努力工作，我怎么能出去玩儿呢？只有工作赚钱才能让我安心。"

当生活全部都是工作，而工作本身又没有什么快乐时，工作就会变成一场苦役。这场苦役何时才能到尽头呢？

所以忙和累，不一定能让人幸福。

有的人每天追求忙和累的状态，把自己压榨到没有一点儿休息时间，连吃个饭都匆匆忙忙，生怕耽误工作。可这样并不见得会有多好的效果，要知道，又忙又累不等于一定能做出成绩。

我们只有付出行动和努力，才能获得自己想要的东西。但我们不应愁眉苦脸、苦不堪言地努力，我们应该试着与工作和解，一边努力，一边利用工作的间隙去寻找自己喜欢的事情。这样既能保障自己的生存，又不用在煎熬中生活，何乐而不为呢？

悲观的人也可以成为自己的英雄

最近在看作家张春的书——《在另一个宇宙的1003天》，其中有一篇《抑郁症患者生活小技巧》，里面详尽描写了作者自己患抑郁症的经历。我看到其中一段话，不禁泪流满面。

这段话是这么写的：

有一天，我看了三部电影，叫了小龙虾外卖到家里吃，全部的活动就是这些，连牙都没有刷。糟糕的是，我觉得那是垃圾和空虚的一天。这是不对的。毕竟，我“又活了一天”，按我之前给自己订立的道德底线：活着是唯一的道德，这应该是非常成功的一天了。

这段话让我想起自己最绝望的时候。那时，我因为工作受挫，瘫睡在床上，连起床的力气都没有。我不知道活着有什么希望，人生有什么意义。看看手机，看到别人都在热火朝天地活着，活得那么幸福，于是，我更加绝望了。

在最绝望的时候，人还有比较之心：为什么别人都活得那么快乐，我却这么痛苦？我怎么就不如别人呢？

我给一个关系好的同事萍萍发信息诉说心中的绝望，她说："每个人的境况不一样，你现在能从床上爬起来，给自己点个外卖吃，或者出去转转，就很了不起啦。"

可我连外卖都懒得点，于是，萍萍帮我点了个外卖。我收到后，被饭菜的香味吸引，忘记了刚才说过的话，开始狼吞虎咽地吃起来。吃完后，我感觉还没吃饱，想起附近有一家砂锅米线挺好吃的，于是就下楼了……

从此以后，我就对身边的朋友说，只要我还爱吃，就说明我对生活还抱有希望。如果有一天我连饭都懒得吃了，那就真是出大事了。

生命有时候很脆弱，也许遭遇一个很小的挫折，就会让人失去前行的勇气。我们总希望大家都能开心地活着，但这只是希望。一个残酷的事实是：有的人可能天生就不容易快乐，这跟遗传有关。

心理学家马丁·塞利格曼在《持续的幸福》一书中就谈到了这一点。他说："一个人可能从基因上遗传了一种强烈的悲伤、焦虑或宗教狂热的倾向。强烈的生物基础决定了我们中的一些人会容易悲伤、焦虑和愤怒。"

即便马丁·塞利格曼本人是积极心理学之父，是大名鼎鼎的心理学家，会使用各种心理学的技巧来应对悲观，可他也会经常听到一个声音在说："我失败，活着没意思。"他甚至说自己是个天生的悲观者。

说到这里，可能很多人会有疑惑，既然马丁·塞利格曼是天生的悲观者，那怎么还会推广积极心理学呢?

其实，一个人正是因为悲观到非常痛苦，才会去寻找可以让人生快乐的方法。倒是那些已经非常快乐的人，他们可能不会过多在乎这些，因为对他们来说，快乐是很容易、很自然的事情。

人和人有共性，但也有不同之处。有着悲观基因的人，他们的祖先可能经历过很多危险。这些危险对生命会构成威胁，在进化的过程中，他们的悲观基因得到了强化。对一个有着悲观基因的人来说，他会提前考虑到可能出现的危机，做好应对准备。

人类进化到了今天，一些危机虽然还存在，但是基本安全、食物、住所等都已经得到了保障，我们需要更多的积极情绪来开拓生命。然而，有悲观基因的人也许会觉得不适应。

比如，有广场恐惧症、电话恐惧症的人，他们对广场和电话极度恐惧。我们都知道，去广场上转一圈不会死，接个电话也不会死，可他们就是恐惧。如果在远古时代，你去深山老林的旷野中转一圈，也许真的会遇到吃人的野兽。在那个时代，这种恐惧是有助于保命的。但现在，这种恐惧只会限制我们的发展。

马丁·塞利格曼提到了两位名人，一个是英国前首相丘吉尔，一个是美国前总统林肯。他们都饱受抑郁症困扰，但这并不妨碍他们取得巨大的成就——因为他们能够和自己的痛苦相处。

丘吉尔的家族有抑郁症病史，他本人也未能幸免。为此，他把自己的抑郁症称为“黑狗”。

丘吉尔曾对他的私人医生说：“我不敢站在船边往下看，因为下一个动作可能会结束一切。”想不到吧，就算是一国首相，也会为了生与死而纠结。

生存，还是死亡？这几乎是所有人都要面临的一个问题，总有那么一些时刻，你会在心里问自己：活着有什么意义？如果活着很痛苦，死了会不会很轻松？

丘吉尔是怎么对抗抑郁症的呢？他写小说、画画，让自己处于忙碌的工作状态。他凭着自己的皇皇巨著——360万字的《第二次世界大战回忆录》——获得了1953年的诺贝尔文学奖。

林肯也患有抑郁症，他经常和自杀念头做斗争。那么，他是如何应对沮丧念头的呢？据说，他会把报纸上别人夸他的报道都剪下来，整理成册，随身携带，心情沮丧时就拿出来看一下，为自己增添生活的勇气。

不得不说，林肯非常聪明。他的做法非常值得我们效仿。

有一次，我给写作群的群友们布置作业：找10个人来夸你。有个女生被夸了以后不由得号啕大哭。她本来觉得自己活着没什么价值，也没有意义。可是，她没想到，自己在亲人、朋友眼里是如此可爱、如此重要。

当我们用单一的视角看待自己的生命时，确实容易走向极端。尤其是当我们于深夜独处时，更容易胡思乱想，觉得自己死了地球照样会转，那活着还有什么意义呢？那时的我们，心灵容易被黑暗遮蔽住，忘记了世上还有其他关心我们的人。

一个想自杀的朋友曾跟我谈起他的心事。他问我："你有没有什么办法可以治愈我？可以让我不会想自杀这件事？"

我说："还真的没有，但是我可以告诉你一些方法来调整自己。我目前还没有看到谁能一下子解决这个问题。但任何问题的解决都需要多方配合，我给你方法，你配合实践，而且要长期坚持，这样才能有效果。"

他很愤怒："你是学积极心理学的，你连我这个问题都解决不了，你们这积极心理学还有什么用？"

我理解他的愤怒，因为我也这么想过。我甚至还想着谁能发明一种药丸，让我吃了一下子就变得聪明又富有，而且再也不会痛苦。许多人都想走捷径，尤其在面对自己的消极念头时，往往更是如此。

极度痛苦的人如何应对这种情况呢？马丁·塞利格曼给出了他的建议：像狙击手那样应对痛苦。

狙击手训练时，要累到极点再练习射击，那样是为了在极度疲劳时大脑也能运转良好。

还有，一些战斗机飞行员在当学员进行训练时，教练会让飞机直冲地面，把学员吓得魂飞魄散，然后让他在惊吓之中练习拉升飞机。

对于我们普通人来说，能够在极度沮丧时依然选择活着，选择勇敢面对人生，难道不是英雄吗？

当你心情低落时，不要放任自己躺着。你要咬牙站起来，强迫自己去和外界联系，如同狙击手一样，直接应对生活中的打击和挫折。

当然，我们不仅要活着，还要想办法活得更好。我们需要学习积极心理学的一些具体技能：如何拥有更多积极情绪、更多投入、更多意义和更好的人际关系。学习这些技能，会让你的人生更加幸福——这也是你的使命。

当然，就像健身增肌一样，你需要给自己成长的时间，不断练习这些技能，循序渐进。

对于那些处于绝望中的朋友，我想再说一遍：

当你极度抑郁时，如果依然愿意站起来，吃饭、睡觉、做点儿事情，那么，你就是自己的英雄！

别骗自己，去追求自己真正想要的

我上初中时眼睛就近视了，配的第一副框架眼镜的度数是100度（后来逐渐增加到350度）。

框架眼镜有很多不便，我也想过配隐形眼镜，但内心总觉得隐形眼镜不好戴。我想了一堆理由，总是会先把自己给吓住，所以就一直没有配。

有朋友问我，怎么不配一副隐形眼镜？我说，我不喜欢隐形眼镜，就喜欢框架眼镜。其实，我从没戴过隐形眼镜，何谈喜欢不喜欢呢？我挺想尝试的，却怕自己戴不好，又不想让别人知道我害怕，只好用“不喜欢”来安慰自己。

前段时间，我终于鼓足勇气配了一副隐形眼镜，让店员帮我戴上了。回家后，虽然我折腾了一个多小时才又戴上，但经过这次尝试，我知道了自己可以克服这个困难，它完全在我的承受范围内。

隐形眼镜的事，常让我联想到我的内心。有时，真实愿望是向东走的，可由于各种原因，我们欺骗自己，于是转向西走。这种自我欺骗虽然短时间内会让我们保持内心平静，可时间一长，生命就会逐渐萎缩，内心也无法得到舒展。

有的女生，她内心的真实梦想明明是成为一个王者，出去闯世界，阅尽人间繁华。可为了服从刻板的社会规则，成为大众眼里的“贤妻良母”，她选择自我欺骗，骗自己说外面的世界险恶，还是在家相夫教子比较好。于是，她嫁人生子，洗手作羹汤，照顾丈夫和孩子。这种自我欺骗可能会让她的生活安定，但是绝不会让她的生活“绽放光华”。

我老家有位同学，已经结婚生子，丈夫、孩子、房子、车子，什么都有了，也不用出去上班赚钱，什么都不缺。但是，她在跟我聊天时还是时不时地唉声叹气。

我问她是不是和家里人有矛盾，她说没有，就是不开心。她上大学时读的是建筑系，曾梦想当一名建筑设计师。可她毕业后，家人怕她年龄大了不好嫁人，就让她去相亲。

相亲的对象就是她现在的丈夫。对方家境殷实，家里还经营着工厂，而且对她很满意。她家里人也很满意，于是，她也就听从家人的意见结了婚。婚后，她主要的任务就是照顾孩子和丈夫。她的生活安定，夫妻关系也很和睦，可她还是被抑郁症所困扰。

实际上，看着自己的大学同学很多都成了优秀的建筑设计师，而自己却从来没有为梦想付出过，她很不甘心。有一次，她和她的爸爸妈妈一起吃饭，忍不住抱怨了几句，怪他们让她一毕业就结婚。

她的爸爸妈妈火气一下子就上来了，说女人的归宿就是家庭，就是结婚生娃照顾老公，当什么建筑设计师，天天去工地上吃灰吗？她听完，一下子忍不住了，跑到洗手间大哭了一场。在别人眼里应该很幸福的生活，于她而言却是痛苦。

我建议她有时间把设计师的专业再捡起来，只要真心想做的话，机会总是有的。可她说，她老公不希望她再学这些，只希望她把家庭照顾好。

她的爸爸妈妈不喜欢我，说我这么大了还在外面漂泊，不成家，生怕我把他们家闺女带坏了。

在物质方面，我确实是不如她的。我没有房子，也没有车，就是一个大城市里的无产者。但有一点，而且也是最重要的：我在努力过自己真正想过的生活。

大学二年级暑假时，邻居就给我介绍了一个对象，我顶着压力拒绝了。后来，我也多次反抗家人的安排和社会对我的角色期待，像个愣头青一样，在社会上横冲直撞。

我做过建材销售，经常在工地奔波；也在工厂流水线上打过工，体会过加夜班的痛苦；我承受过商业谈判的高强度和巨大的压力，也会因为搞砸项目气得吃不下饭。

兜兜转转，到最后我发现，我还是想写作。后来，我真的成了一名写作者。

我一直在按照自己的本心选择自己的生活。也许我并没有那么富足，但这是我真正想过的生活。

可别人对我这样的生活方式是不理解的，包括我的家人。在老家，我就是一个负面案例：看看那女娃，那么大了还不结婚，丢人……

甚至，我父亲、我弟弟都会因为我不结婚而觉得丢了他们的面子。

追求自己真正想过的生活，其实是很艰难的。所以，我并没有劝老同学放下一切去追梦，毕竟她还有孩子得负责。

有些人很善于伪装自己，为了从众，有时候不得不欺骗自己，让自己和别人一样。从众是有好处的，这样，就可以得到大家的认可，会有安全感。

有时候因为压力太大，我也羡慕过我的这个同学：她那样多好啊，不用被催婚，不用被催生，还不缺钱花，而且大家都夸她。

可若你生来就是一只雄鹰，何必把翅膀藏起来，躲在鸡群里委屈度日？你要等到什么时候才可以展开翅膀，在这世界勇敢飞翔？

内心平静时，不妨问问自己：你到底想过什么样的生活？你愿意为这样的生活付出努力吗？

不欺骗自己，搞清楚自己真正想要的是什么，然后努力追求。这，就是我们活着的意义。

Part 4

越自控越自由

慌乱时刻，保持自己的节奏很重要

有一天，我正在上班，突然接到了我妈打来的电话。她在电话那头说她的腰椎间盘突出病复发了，让我赶紧回去。我一听就慌了，担心得吃不下饭、睡不着觉，失眠到后半夜。

每次一遇到点儿事情，我都会往不好的方面想，先把自己吓个半死。我知道，这不是一个好习惯，但我很难控制自己，好像这种反应已经刻入了骨子里。

我打开手机，订了次日最早的火车票，处理好了当天的工作任务，和同事交代了一些事情就匆匆赶去火车站。

一路忐忑回到家，见到我妈，看到她还能慢慢走路，没有太大的问题，我心里的担忧放下了一大半。接着，我带她到医院检查。

医生检查后说："人的身体会衰老，这是没有办法的事情。你妈妈这个年纪，这种病很常见，还不算严重。"

医生的话让我放下心来。其实，她的腰椎间盘突出主要是长期干活儿累的。所以，在检查后，我们在附近找了家酒店，根据医生的安排，每天按时去做理疗。

后来，我与妈妈之间发生了一点儿小矛盾，这使我的情绪始终处于波动中。虽然我努力克制，却依然做不到淡定应对。

对于当时的我来说，写作是一种很好的发泄途径。我在纸上写下自己乱七八糟的心情，努力调整节奏，尽量让自己像平常一样忙碌而充实。

朋友小白看了我的心情吐槽文后评论说："你这是想得多、做得少。"刚开始，我看见了很不高兴，马上回击了他。后来，他跟我聊天，问我有什么需要帮助的。我心里很感动，把之前的不愉快忘得一干二净。

我想，也许这就是真正的朋友吧，能够指出你的问题，然后帮你解决问题，而不是站在一旁说风凉话。

那时候，我妈每天上午和下午都要去医院做理疗，我在照顾她之余，就打开手机看点儿文章，或者处理工作事务。当我按照平时的节奏工作、写作、阅读、锻炼时，心情明显好了很多。

行动改善情绪，这句话真是所言不虚。

我记起之前看过的桑德伯格的演讲——《当你陷入绝望，如何强力反弹》。她在演讲中说到，在丈夫去世后，她一度陷入崩溃和悲伤中，什么都做不了。

儿童心理学家鼓励她尽快将孩子们带回到日常生活中。于是，在丈夫死后第十天，她就让孩子们去了学校，她也开始上班。

她回到Facebook（脸书）开了第一个会。她发现，当她全身心投入到工作中时，有一秒，或是一瞬间，她忘记了丈夫的死亡。那一瞬间，她从悲伤中挣脱了出来。也许之后她还会陷入悲伤，但是，通过转移注意力，她还是能正常工作或者应对眼前的事务。

如果在慌乱时刻，任由负面情绪掌控，人会变成什么样呢？

我在北京认识的一个姑娘小安，因为失恋而心情低落，她连工作都辞了，住的房子也退了，一个人跑到了郊区去住。

在郊区时，她也没有好好爱惜自己，整天不好好吃饭，天天待在家里哭了睡，睡醒了接着哭。没多久，就因为急性胃炎住了院。后来，在我们的劝说下，小安终于决定结束这种颓废的状态。她调理好身体后，回到北京继续上班，每天坚持运动，状态越来越好，终于从失恋的阴影中走了出来。

心理学家米哈里把人的失控解释为一种内在失序：当外界信息和我们的内在思绪发生冲突时，我们会分心、慌乱，没办法专注于当下的事情。我们会痛苦、恐惧、焦虑，精神处于窒息状态。

其实，外界信息并不会直接对我们造成伤害，关键在于我们如何对这些信息进行解释，如何采取行动。

情绪不好时，先不要对事情进行恐怖解读，尽量去了解真实情况，保持原有的工作和生活节奏。如果什么都不做，只唉声叹气的话，不但问题一个都解决不了，还会让自己更痛苦。

行动起来，投入越来越多的注意力，让生活尽早恢复正常，负面情绪就会慢慢飞走，我们也会从无序失控的状态回归到正常状态。

希望生活中那些出其不意的慌乱造访你时，你能稳住，安然渡过。

你会不会吃掉眼前的棉花糖？

有一个著名的心理学实验：

19世纪60年代，美国斯坦福大学的沃尔特·米歇尔博士在斯坦福大学一所附属幼儿园对学龄前儿童进行了一项心理学研究——用艰难的困境挑战他们的自制力。

研究人员让孩子们从不同种类的食品中选出他们最喜爱的，包括棉花糖、曲奇饼、小脆饼、薄荷糖等。假如孩子选择了一颗棉花糖，他可以立刻吃掉眼前的这颗棉花糖，但吃掉的话，后边的棉花糖就没他什么事了。

如果他能控制住自己不吃眼前这颗棉花糖，等待20分钟后研究人员回来，他就可以拥有两颗棉花糖。

实验开始后，有的孩子很快就吃掉了眼前的棉花糖，有的孩子在犹豫了一会儿后也选择了吃掉眼前的棉花糖。有的孩子很想吃，但努力克制，一直等到研究人员回来。

研究人员随后追踪了这些孩子的人生经历，发现越是善于等待的孩子，他们后来所取得的成绩就越高，他们在青春期的认知能力和社交能力也越强。此外，他们还有更好的适应能力，并且能有效地应对沮丧和压力。

而那些立刻吃掉棉花糖或者等待时间很短的孩子，更容易出现行为问题，学习成绩较低，对于压力的适应能力也不够强。

这个实验的知名度非常高，很多学校、社会机构、公司企业都用这个著名的棉花糖实验来测试员工的自制力。

不过，我更关注的是，为什么这些孩子会有不同的表现？为什么有的孩子可以等待那么久，而有的孩子却一刻也等不下去？是什么原因导致他们有这样的差异呢？

就像我们现在的人，为什么有的人在面对诱惑时能克制自己，而有的人却一而再、再而三地被诱惑呢？

所有人都要不断面对人生的“棉花糖时刻”——是享受一下眼前的小欢乐，还是暂时隐忍克制、等待更多的收获呢？

你抵抗不了诱惑，这都是你的错吗？还真不一定。

万维钢曾推荐过一本书——《理性动物：进化让我们比我们想象的更聪明》，这本书从进化心理学角度分析了人们的一些行为。

生命史理论表明，在成长过程中，个体主要做两件事——积累和花费。而且他们有两个策略——快策略和慢策略。

如果一个人在动荡不安的环境中长大，今天吃饱了还不知道明天有没有饭吃，今天活着还不知道明天能不能活，这样的人，会选择快策略。他们没有耐心去等待更多，认为如果等待的话可能会更惨；眼前有块糖如果不赶紧吃掉，明天可能就没有机会吃了！所以，选择快策略实际上对他的生存是有利的，比如那些处在战乱地区或者贫困地区的人们。

如果一个人在安全稳定的环境中长大，食物充足，家庭温暖，他就会选择慢策略。他会认为：眼前的糖我不吃，我相信父母可以再给我，所以不着急。

中国古代有一句话是说女人很早就生孩子，早到什么程度呢？——十三娘，二八婆，四十六岁太上婆。

因为古代的食物资源不充足，医疗条件也不好，人的寿命短，所以人们等不起，等着等着，寿命就到头了，还怎么繁衍生命？如果以现代人批判的眼光来看，13岁就生娃，这还了得？可对于当时的人来说，他们要根据生存环境来做决策。

到了现代社会，人们普遍晚婚晚育。粮食够吃，医疗条件也好，长命百岁的人不在少数，人们想繁衍后代也不用急，所以现代人采用的是慢策略。

一个人采取什么样的策略，还会受基因的影响。比如，单胺氧化酶A基因MAOA-L就是一种犯罪基因。如果你不幸遗传了这种基因，在面对冲突的时候，可能就无法克制自己，会选择以极端的方式解决问题。

说了这么多，我其实想说的是：有的时候，我们自身存在的问题并不都是我们自己的错。因此，实在没必要把所有过错都揽到自己身上。

假如你是一个没有耐心、无法抵抗诱惑的人，只想着今朝有酒今朝醉，有可能是因为你从小缺乏关爱，生活在动荡的环境中，没什么人关心你。所以，你选择了快策略，看到什么好吃的、好玩的先享受了再说，因为不知道明天还能不能轮到你。

你没法改变以前的环境，所以无需为现状自责。但是，你可以试着从现在开始改变。心理学和科学都在不断发展，人们都在想办法提高自控力、专注力，有不少方法都非常有效。

你也可以奋起反抗那些从前的环境或者基因带给你的影响，打造一个新的自己。要知道，现在已经不同于过去的饥荒年代了，我们也没那么容易被饿死。

如果你之前是一个经常选择快策略的人，可以试着调整一下。你已经解决了温饱问题，就可以多从长远角度考虑一下。比如，当你想吃宵夜的时候，你可以从长远角度想想你的身体健康，也许你就会忍耐一下，先不吃了。

除此之外，我们还可以转移注意力。现在这个时代，吸引人的东西太多了，那么多好看的电视剧、好玩的游戏、好吃的食物……它们都在引诱我们。如果我们想更好地克制自己，就尽量不要和它们正面对抗，而应想办法远离它们。

比如说，冰箱里不要塞垃圾食品，手机里不要下载太多电视剧，也不要下载游戏APP。拥有的少了，诱惑就少了。就如同在棉花糖实验中，有的孩子为了对抗棉花糖的诱惑，选择不去看棉花糖。在生活中，我们也可以用这种方法试一试。

为了以后更美好的生活，先不去理会眼前的棉花糖吧。

如何治愈“清晨恐惧症”？

有一部美国电影叫《土拨鼠之日》，男主角菲尔是一名气象播报员。土拨鼠日（美国的一个传统节日）那天，他去了普苏塔尼小镇报道关于土拨鼠的新闻。

菲尔来到这个小镇后遭遇了一件非常奇怪的事情：每天早晨6点醒来后，他发现一直是2月2日——土拨鼠之日。每天早上，他遇到的人都一样：旅馆的胖经理、服务员老太太、街边乞讨的老爷爷、卖保险的老同学。这些人跟他说同样的话，当天发生的所有事情也都一样。

第一天如此，第二天如此，第三天还是如此……菲尔最初感到恐慌，很快又觉得兴奋。每天都是2月2日，他就有足够的机会去放纵自己。他大吃大喝，尽情玩乐。

他喜欢他的女同事丽塔，可不管他怎么诱惑，丽塔都不上钩。菲尔终于绝望了。每天早上醒来时，他都不得不面对痛苦的一天……如果用一个词语来描述菲尔的症状，那就是“清晨恐惧症”。

菲尔对清晨感到恐惧，因为他每天醒来后都过着同样无聊的日子。生活于他而言已没有任何乐趣，只是一场巨大的折磨和煎熬，永无止境。菲尔是电影中的人物，但真实世界里的我们谁没有经历过“清晨恐惧症”？

回想一下，你有没有在某些时刻对人生感到厌倦，每天醒来都感到恐惧？

我读高三时，每天早上都不愿意起床。因为，每天的日程都一样——上课、吃饭、回宿舍睡觉，还有做不完的习题。书桌上的卷子堆积如山，一场又一场模拟考试等着我们去考，还有考试后“惨烈”的排名、老师时不时的“敲打”……我每天都克服着恐惧，挣扎着起床。

为什么一个人在清晨醒来时会感到恐惧，而不是充满希望地迎接新的一天？要么是生活太无聊，没有新意，如同菲尔一般每天醒来天气都一样，遇到的人一样，工作也一样无聊；要么是对生活感到恐惧，每天都有棘手的事情需要应对。

有的恐惧可以逃避，可如果是无法逃避的事情呢？比如，得了重病，失去了对自己来说重要的人，做生意赔得血本无归，等等。遭遇这些打击的人，在清晨醒来时感到恐惧，不想面对，也是人之常情。

不过，我们也可以找一些方法来应对清晨的恐惧。毕竟，谁不想早上醒来后能够精神抖擞地面对一天的生活呢？

英国心理学家克莱尔·威克斯在《精神焦虑症的自救》这本书中给读者提出了一些建议，告诉我们如何应对清晨的恐惧。

如果清晨醒来感到恐惧，不要被这种感觉吓倒，觉得自己这一天就完蛋了。因为人的情绪是会波动的，清晨恐惧，不代表你一整天都会恐惧。

醒来后，应立即起床。在床上待的时间越长，大脑的消极思绪就会越多，你也会越痛苦。

我对此深有体会。有一次，我醒来就开始思考人生，越想越觉得人生没有意义，无比痛苦。这时，就要强打精神下床，活动活动，洗脸刷牙，喝点儿热茶，吃点儿早餐，情绪可以很快好转。

可以放一段轻音乐，因为音乐能改善心情。我有时醒来时迷迷糊糊的，此时听一首欢快的歌曲，马上就清醒了。

如果清晨恐惧症很严重，并且有抑郁倾向，最好找个人来陪伴你。我曾经认识一名医生，他有严重的抑郁症——早上自己无法起床的那种，也无法上班，必须找个人把他拉起来。

如果醒得太早，可以服用清晨镇静剂。不过，这要听从医生的建议，自己别乱吃。我们还可以选择变换视野，改变床的位置，让房间布置有所变化。

在应对清晨恐惧方面，我也有一些心得分享如下：

一，提前一天定好目标。每天睡觉前，我都把第二天做什么写在清单上，这样，每天都有清晰的目标。没有动力，没有心情醒来后真是一片茫然，不知道自己要干什么。

如果你没有大目标，可以每天定一个小目标，哪怕是早上起来喝点儿热水，吃个早餐，也比躺在床上抱怨人生要好得多。

可以把第二天要穿的衣服提前整理好，冬天提前开空调，让房间保持暖和。别小看这些细节，有时，一件微小的事情也会让人丧失起床的动力：我房间的暖气不够暖和，冬季早上醒来我都不想出被窝，寒冷让人恐惧。这时，该怎么办呢——开空调，房间一暖和，就能乖乖爬起来了。

二，起来泡茶喝。之前，我是一个不喜欢喝茶的人。有一天，一个做瓷器的朋友送了我一个小茶碗，茶碗很漂亮，我就用来泡茶喝。久而久之，我就养成了喝茶的习惯。

喝什么茶不重要，重要的是喝茶的过程，它就像一种禅定。我把水烧开，倒进小茶壶，茶叶在沸水的作用下散发出淡淡的香味。闻着这种香味，我感觉轻松惬意。喝茶可以让我的情绪变得平稳，顺利开始一天的工作，我很喜欢这个过程。

假如生活陷入平庸和无聊，每天醒来看不到希望，我们可以向《土拨鼠之日》中的菲尔学习一下。不妨看一下他是如何应对的。

菲尔在崩溃后用各种手段自杀：开车跳崖、在马路上等着被车撞、跳楼……他死了一次又一次，但还是会在清晨活着醒来，心怀恐惧。生活太痛苦，想死都死不掉，你会怎么办?

当菲尔真诚地向女同事丽塔倾诉心事，获得丽塔的信任后，他的生活慢慢有了转机。他采取了一种新的方式来对待眼前的生活。

每天早上，他拥抱旅馆的胖经理，亲吻服务员老太太，照顾路边乞讨的老爷爷，和卖保险的老同学热情打招呼。他开始关心自己的同事，给他们带去热咖啡，帮他们拿器材，工作时认真投入。

他关心身边所有的人，对他们付出爱和帮助，他还去学钢琴，学冰雕。

这样的菲尔，谁能不喜欢？于是菲尔获得了普苏塔尼小镇群众的喜爱。在聚会时，被他帮助过的人都来感谢他。在单身男士拍卖会上，他最爱的女人丽塔用钱包里所有的钱拍下了他，并且和他共度良宵。

6点的闹铃再次响起时，菲尔睁开眼，看到了躺在身边的丽塔。他推开窗户，发现风雪已停，阳光普照，新的一天开始了。

这些方法可以提高你的自控力

一说到提高自控力，不少人都唉声叹气：我这辈子就这样了，我是改不了了，没救了……这是一种狭隘的认知。

有的人天生自控力很强，有的人天生自控力弱。自控力强的人，在工作、学习上取得的成就更高，人际关系也更和谐，也能够更好地应对压力。

自控力确实跟基因有一定的关系，但是，对这些无法改变的基因部分，我们就不要纠结了。如果总是跟那些超级自律的人比较，确实会叫人气馁。这时，我们应该把注意力转回自己身上。

我们更应该关注：如何改变现在的自己？

想要改变自我，你就要不停地跟自己斗争，因为这是你自己的事情。想改变自控力，你就要对自己有清晰、完整的认知。

不妨问问自己：

你的自控力，是一直都没有吗？

你的自控力，在什么时候最弱？

你的自控力，在什么时候最强？

回答了上面的问题，你就会发现：一个人的自控力是有强弱之分的，在不同时刻、不同状态下，你的自控力是波动的。

比如说，当一个人心情不佳、饿得头晕眼花、冷得瑟瑟发抖时，你还要求他保持和正常状态下一样的自控力，那是很难的。

而当一个人心情愉悦、满面春风时，他的自控能力就很强，可以完成一些平时感觉有难度的任务。

当我们明白自控力可变时，僵化的认知就会有所松动，对自我也就多了一分了解。那么，如何提高自控力呢？

首先，你得改变自己的认知，意识到某件事情可以改变，而不是只能怎样。认知改变了，你才会愿意付诸行动予以尝试。这是思维层面的改变，是基本前提。

自控力是可以吃出来的——有了能量供给，人才有自控能力。一个饿得奄奄一息的人，你让他站起来奔跑，那几乎是不可能的事情。

心理学家马修·加略特通过实验发现，让人们做一些需要自控的事情时，他们身体的能量会被消耗；能量消耗，意志力就会削弱。但是，给一部分人喝加糖的柠檬水，提高他们的血糖含量，这部分人的自控力则会增强。

如果你处在非常饥饿的情况下，可以吃甜点或者高糖分零食，为身体补充能量，这样做自控力就会得到提高。不过从长远来看，吃高糖食物不是明智的选择，因为血糖含量猛升猛降有可能会使人患上糖尿病。

那么到底应该如何补充能量呢？要吃低糖食物，让身体保持健康，同时有持续的能量供应为自控力做基础。什么算是低糖食物呢？蔬菜、水果、鱼、豆类和坚果类食物……

除此之外，要保持良好的睡眠、有规律的锻炼，让身体的发动机保持运转。我现在就在践行低碳饮食，明显感觉身体状态比以前好了很多。

有的人其实做了不少事情，但就是不记录、不整理，所以他就认为自己什么也没做，很沮丧。这就需要我们把自己做的事情列出来，再依次画个勾，看看到底做了什么事情。把要做的事情列出来，按照对应的日期去完成，这样，就会有一种生活可控的感觉，不会每天都过得很混乱。

有一次，我情绪低落，突然想不起来前一天做了什么事，顿时更加沮丧了。后来，我打开手机一看，发现前一天我听了好几个小时的课程，还做了笔记，原来时间并没有被浪费，于是，我的心里踏实了不少。

我经常每天要做什么，就提前写下来，按时执行。当然，也会有完不成的时候，那就重新安排，灵活一点儿。列清单会让你的人生免于失控。

心情不好时自控力最弱，这个时候，我们要做些事情来改变自己的情绪状态。我们可以通过一些简单、易操作的方法来改变，比如冥想5分钟，到楼下散步5分钟，听歌5分钟……

这些微行动看似不起眼，但有着大作用。我们试图改变自己时太贪心，总想一夜之间就起作用，这是不切实际的想法。

对我来说，我一闲着就会想消极的事情，越想越郁闷，觉得什么也做不了。这时，我就赶紧提醒自己要动起来，擦桌子、扔垃圾、整理房间……活动活动，心情马上会好转。如果你心情超级失落，想哭想死想要疯，可以试试用微行动来控制自己。因为微行动做起来不需要耗费太大的精力，人人可以实施。

我们可以对自己的思维方式进行反省。你遇到挫折时，会以什么样的视角来看待相应的事情？是纯粹抱怨，还是觉得这是一个挑战的机会？

如果你一味抱怨，那你的自控力就无法激发出来。如果你试着转换角度，改变一下思维方式，也许就会想出应对的方法。

有时候，你觉得累，但其实并没有那么累，这时候，就要再坚持一下，看看自己忍耐的极限到底在哪里。我第一次跑完10公里时，内心十分震惊，就好像有人认为自己写不出文字，可他们参加挑战时，一天之内能写上万字。

我们对自身的了解太少，所以得用行动不停地尝试，拓展自我。

可以加入自控力强的团体。观察你身边的人、你喜欢的人，他们是最容易影响你的人，你会在无形中模仿他们。比如我们写作群的群友，没进群之前他们几乎什么都不写，也不学习。进群后，他们一个比一个爱学习。这，就是群体的力量。

想想看，在原始社会，如果你跟不上大家前进的脚步，一个人孤零零地落在后边，就会面临死亡的危险——可能会被野兽吃掉。在现代社会，如果你不提升能力，不更新知识，饿死的可能性比较小，但也还是可能吃不饱饭。

如果去农村，你会发现很多农民可以熟练地操作智能手机。而你——一个都市的新新人类，却拒绝最新的科技，甘愿当一只井底之蛙，是不是要反思一下呢？

加入自我精进群体，不仅能提升自我能力，还会让你获得他人的尊重和认可，这也是我们存在的价值。一个人处于精进的状态，不仅会让自己优秀，也会影响身边的人。

所以，你的自控力能不能提升，由你自己来决定。

别说自己是懒人，你可以很勤奋

一些文章的作者经常会批评别人懒惰，说实话，其实我对这些挺反感的。一个人被贴上懒惰这样的标签后，极容易产生自卑心理，彻底认为自己“没耐心，不行了，就这样吧”。

我之前也经常说自己懒，后来，在看了积极心理学方面的书以后，我就尝试着改变这一语言习惯——因为这是消极的暗示。当你的消极暗示接收多了之后，你会觉得自己天生就这样，就更不愿意去行动了。

用懒惰来评价一个人，也意味着你并不愿意对“懒惰”背后潜藏的原因进行深度分析。毕竟，简单的一个“懒惰”就把人给否定了，这其实比较轻松——反正都是懒惰的错。

其实我们更需要的是探究“懒惰”背后的原因，看能否通过什么办法改变我们的行为模式，而不是给自己盖棺定论，认为自己没救了，进而自暴自弃。

我们可以问问自己：如果不愿意做一件事情，那是因为什么呢？

有以下几种情况，你可以列出来，然后逐一进行反驳：

第一，不是不愿意，而是觉得自己没有准备好，想准备好了再去做。

有不少人都跟我说他们喜欢写作，我说，那好啊，今天就写起来。可他们会接着说："那不行，我要准备好了再写，现在还不是写作的时候。"其实也不能说他们懒惰，因为他们确实是这么想的。只是，什么时候才算准备好了呢？

这个时候，就要提醒自己：完成大于完美。

别等待，先行动起来。

第二，你对一件事根本没有兴趣、没动力。

如果某件事是你的工作，你必须完成，那你就要想一想：到底是你没兴趣，还是你没有把这件事做好？

如果你把某件事做到了最好，超越了大多数人，你还会没兴趣吗？可以用尽全力试一试，如果做到最好，还是没兴趣，那再换一件事来做也不迟啊。

第三，你害怕事情做不好被批评。

你是人，是人就难免会出纰漏，你只要尽力就行。想一想某件事最坏的结果是什么，你能否承担。如果你不想被批评，那就永远不要行动。但那样的话，你也永远不会进步。

再来说说坚持不下去时怎么办。这就涉及人们常说的毅力、耐心、自制力之类的品质。这些所谓的"优秀品德"难道真的是与生俱来的吗？除了优秀的人，其他人就不行吗？我们就该失败吗？

回忆一下，我们从小学到大学，读书这件事是不是坚持了十几年？这难道不是我们坚持最长的一件事情吗？难道我们没有毅力吗？没有毅力的话早就读不下去了！

为什么你上学时，学习可以坚持那么久，而毕业后的学习就三分钟热度呢？最根本的原因，不是你懒，而是你所处的环境发生了变化，所以，你的行为也变了。人是会被环境“驯化”的。

你上学时，每次学习课程，都有具体的目标：学完之后要写作业，老师要检查；还会考试，考得太差了很丢人……

可是，当你毕业后再学习时，这时，已经没有了目标，也没有反馈，能坚持学下去才怪呢。坐以待毙不是我们的风格，我们要抗争、突围。

不妨试试改变你所处的环境。

拿我的运动实践为例。在“微信运动”开启之前，我是从来不运动的。就算运动，我也根本不知道自己跑了多少步：心里太没底了，缺乏反馈。等有了显示步数的运动软件后，我突然发现，跑步成了一件好玩儿的事，蹦一下，软件中的数字就变了；跑几圈儿，那数字就会飞速变大。这种反馈来得太及时了，我对运动的兴趣更浓了。

但这还不够，还缺乏监督机制。于是，我建了个运动群，规定每天谁要是完不成一万步的打卡任务，就在群里发红包。这下可好，因为每次由于违规而被迫发红包感觉好心疼，大家都尽量抽空运动，每个人都坚持得很好。

想一下，每天运动一万步非常划算——不仅锻炼身体，省了红包钱，还能在群里扬眉吐气。像这样，我一下子坚持运动了好几个月。对我来说，这是件非常不可思议的事，因为我从不相信我可以做到。然而，改变环境后，我做到了，而且至今我还在坚持。

罗永浩在参加许知远的访谈节目时说了这么一段话。他说："每天发60秒语音，你坚持3个月试试。我永远不会习惯这么高强度的劳动。但是，我被环境绑架了。我的同事，我的投资人，我要对他们负责。一旦一件事你坚持了3个月，不是意志力起作用，而是你尝到了甜头。我从来不相信勇敢、坚持、毅力这些，人都是被甜头'喂养'的，被周边环境'驯化'的。"

由此，我想到了我在公众号上连载小说的那段时间。其实我原来根本坚持不了，因为相比动脑筋去思考故事情节，我还是更喜欢刷微信，跟别人瞎聊。但为什么我还是坚持连载完了呢?

有两个原因，一是为了交写作群的作业；二是每天都有人催我，对我威逼利诱。所以，我也是被环境"驯化"了，不得不一路坚持。

试一试吧，别再说自己懒，改变你的思维和行动，改变你所处的环境。也许，你会有意想不到的收获。

允许自己脆弱，哭完了再勇敢地上路

如果让你在坚强和脆弱之间选择，你一定会毫不犹豫地选择当坚强的人。这不奇怪，因为我们从小到大都是被如此教育的。就好像有句话所说的——“你若不坚强，没人替你扛。”

我们渴望坚强，因为大部分时间我们处于脆弱的状态。可我们不敢承认，我们害怕袒露软肋，一个个都装得像超人一样。所以，当你被生活暴击时，想蹲下来哭泣时，内心总有个声音告诉你：“不许哭，人生不相信眼泪。”

这句话我在很多地方都看过，每次看到都很生气，怎么连哭一下都不行了？我是个脆弱而敏感的人，虽然表面上我看起来坚强，可在这个压力大的社会中，你敢说自己脆弱，就是在给自己添堵。

你去某个公司面试，老板最喜欢看你在履历表上这样填写：抗压能力强。

其实，不少职场上的人内心是痛苦的，只是不敢表露出来，就只能伪装自己抗压能力强。可这样的伪装能撑多久呢？

那些要求员工不能有玻璃心、不能哭泣的公司与企业领导，他们的抗压能力又有多强呢？他们在深夜里没有痛哭过吗？他们敢把自己的痛苦感受跟员工倾诉一下吗？

我们都有脆弱的时刻，这是真相。脆弱的时候，我们会痛苦，因为我们是有感情的人，不是冰冷的机器人。然而，我们拒绝承认脆弱，并且以脆弱为耻，这反而让我们更痛苦。

我的公众号曾经开了一个聊天业务，有个读者给我发红包，说要找我聊聊。他说，自己最近一遇到难过的事情就想哭。他觉得很丢脸，一个大男人怎么能这样。

我说，听了你说的，我心里有点儿平衡了。我遇到悲伤的事情也会哭，边哭边鄙视自己，以为全世界就我最脆弱。原来这样想的不止我一个人，我瞬间被治愈了。

这个读者哭笑不得，本来，他是来求安慰的，结果却安慰了我。不过，我也告诉他，一个男人哭泣并不代表他是一个无能的人。允许自己脆弱，用眼泪为自己疗伤，说明你是一个有血有肉、有情感的人。

我曾经以为，优秀的人从来不会脆弱，他们就像钢铁一样能够忍受生活给予的种种困苦。可是，经过观察，我发现这种认识是错误的。

我刚毕业时，一位姓何的客户请我和同事吃饭。他开着豪车，人也很有绅士风度，在我看来，他就是典型的精英人士。我们相约在一家高档饭店见面。到了饭店后，服务员带我们去了一个包间，然后拿来菜单让我们点菜。

我和同事忙了一天，早已经饿得饥肠辘辘，也不谦让，看着菜单就点了起来，点完了才想起何先生还没点呢。谁知道，何先生连菜单都没看就点了一盘青菜。

他还问我们：“你们要喝酒吗，我车里有红酒。”我说：“喝，还要喝好的。”于是他跑了出去，从后备箱里拿来两瓶据说很昂贵的红酒请我们喝。

菜很快上齐了，我和同事不管不顾，开心地吃了起来，淑女形象在美食面前都没了。何先生也拿起筷子，但只夹了两筷子青菜，又放下了。他说要开车，不喝酒，只喝白开水。于是，一幕滑稽的景象出现了：一个大男人喝着白开水，看着两位女子吃肉喝酒。

我们很不好意思，邀请他也吃菜。他说：“我吃不下，心里有点儿事，看你们吃就好。”我和同事就跟他聊，尤其是我，还摆出一副知心姐姐的架势：“有什么事，说出来我们开导开导你。”

何先生跟我们说了他公司里和家里的烦恼，让我很诧异。我没想到，原来我们眼中的成功人士也有这么多烦恼。我们跟着长吁短叹，一起吐槽他的竞争对手，慢慢劝导他。后来，他的心情逐渐变好了，胃口也好了点儿，多喝了一碗粥。

那件事带给我很大的震撼。想不到，一个看起来事业有成的人也会这么脆弱。而且，和我们普通人不一样的是，他们还要小心地掩饰。他们更害怕别人窥见自己的脆弱，因为这个社会拒绝脆弱，尤其是拒绝成功人士的脆弱。

没有人教我们如何应对悲伤和脆弱。读书时，大家只看成绩；工作时，领导只看业绩和利润。就这样，人的情绪渐渐被忽略了。我们在前行时，必定会承受很多委屈。

接纳自己的脆弱后，又该如何走出来呢？这是需要我们思考的。我们不可能一直蹲在那里哭。对此，我有几个小建议。

不要一直躺在床上睡觉。一个人受了委屈，心灵上遭遇的痛苦和挨打时的痛苦很相似，都想找个没人的地方躲起来，缩成一团，不敢面对现实。很多人选择窝在家里，足不出户。

但一直待在家里，人很容易走极端。你要尽量出来多走动，因为行动才能带来真正的改变。

走出家门，哪怕是去外面吃点儿东西、散散步，都能缓解情绪。最好去公园或者有绿色植物的地方转转——大自然是最好的疗伤药。

写点儿文字，把所有的不满和委屈都写出来。写作是疗伤的好办法，你可以把自己的情绪尽情地释放在笔端。这种方法我试过很多次，屡试不爽，你也可以试试。

和你最信任的朋友聊天，诉说心里的苦恼。聊天也是一种疗愈。有时，我们换个角度看问题，结果可能就会截然不同。

整理房间，让一切看起来清清爽爽。把房间收拾干净，把自己打扮得漂亮点儿，然后来个自拍。你会发现：噢，怎么我又变美了？这样一想，心情就会好一点儿。

如果实在走不出来，还可以求助于心理咨询师，他们会从专业的角度为你分析、解决问题。

放下你的盔甲，想哭就哭。哭完了为自己疗伤，然后勇敢地继续前行！

Part 5

克服懒惰，跟拖延症说再见

告诉你一个不拖拉的秘诀

很多人在做一件事情之前，会纠结半天，找很多借口逃避。拖呀拖，拖到最后一刻，匆忙完成。最后，事情虽然完成了，但他们的内心是崩溃的。因为下一次，这样的局面会再次重复，形成恶性循环。

有人可能会说：他们这些拖延症患者，就是太懒了，非得拖到最后一刻。

说实话，我也是这么认为的。我效率低下时，自己都讨厌自己，更不用说别人了。但我也挺委屈的：并不是我懒惰，而是我想等有了动力，全都准备好了之后，再来做某件事情。这样，我就可以做得更好，这有什么错吗？

我有个老同事鹏哥，做事十分利落。他效率很高，工作上的事情，如果无需同事协助，他永远都是超前完成；如果需要同事配合，他一定是主导者，因为对他来说，其他人太慢了。

做事速度慢的人是没有资格待在鹏哥的团队的。他强悍的执行力，确保了他在职场发展得顺风顺水——年纪轻轻的他已经做到了高管级别。

不仅工作上如此，鹏哥在生活中也是强人一个。比如说早起跑步，通常情况下，我迷迷糊糊刚睡醒，就看到他在朋友圈中说已经跑完步，在吃早餐了。而我的早起跑步计划永远只能持续几天时间，不会长久。

鹏哥几乎没有为拖拉发过愁，好像这个词儿在他的世界里根本不存在。他在我们的朋友圈里简直就是神一样的存在。

我深受拖拉之苦。其实，真不是我懒，而是我缺乏动力。我不明白他天天哪来那么强大的动力，是真的出于兴趣吗？可是，我的兴趣就是吃喝玩乐，这可怎么办呢？

我壮胆请求鹏哥透露不拖拉的秘诀，他说："你以为我想早起吗？我也不想啊。早晨半睡半醒那会儿，我没有意志力，更没有动力，只想把闹铃关掉继续睡觉。但我还是爬起来了。为什么？因为我的秘诀是：别想那么多，先行动，然后就有动力了。"

听他这么说，我有点儿怀疑自己了：难道我一直以来的想法都是错的？我以为有了动力、有了心情才能做事，没有动力，没有心情，我会一直拖下去，拖到最后一刻没办法了，才硬着头皮上。

他又说了一段话开导我："你的认知是错误的，你要改变你的认知。我做很多事情之前其实也都没有心情，提不起劲。我也是人，也会脆弱，也会纠结。面对棘手的问题，我也想逃避。但我不允许自己纠结太久，即便再没有心情，我也会说服自己立刻行动。在行动的过程中，我的积极性会被调动起来，心情会慢慢变好。有了动力，事情就这么完成了。我尝试了很多次，每次都是这样，所以我基本上不会拖延。”

我问鹏哥：“这样做事的话，效率高吗？事情会做得很好吗？我担心心情不好，做出来的事情质量也不高，那还不如不做。”他说：“刚开始，我也担心心情不好会影响效率。可心情这玩意儿变得快啊。你要想等到心情好了以后再行动，可能你要等到下辈子了。比如说跑步，我每天从早起到出门跑步，一共要花二十分钟，眼睛都不想睁开，心情都是灰暗的。我心想，为什么别人都在舒舒服服地睡懒觉，我却在跑步？可是那又怎样，我跑着跑着就不痛苦了，越跑心情越好，就停不下来了。现在，我成了你们的榜样，动力也更强了。我晒朋友圈的时候，是不会告诉你们我内心的挣扎的，哈哈哈……”

听他这么说，我学会了一个战胜拖延症的秘诀：不要想那么多，先行动起来。那些行动力强的人，他们也是经历过内心挣扎才变得强大、变得自律的。

有人会说：“我知道你说先行动是对的，可有时面对非常艰巨的任务，真没有办法行动啊！”

那怎么办？可以把大任务进行拆解，再一点一点完成。

比如写论文，很多人光是想一下，就觉得头疼，更别说开始写了。我也写过论文，首先是确定论文题目，确定之后，我就把文档关闭，将其束之高阁，再也不想看第二眼了。

一想到论文的事，我感觉心口像堵了一块大石头，痛苦不堪。这么难的东西，我怎么能写出来？还是先别碰了。其实，我并不知道写论文有多难，我只是道听途说，听别人说非常难，于是我就退缩了。

可一直搁置也不是办法，眼看论文答辩的时间越来越近，我这论文还毫无动静，怎么办？我只好强忍内心痛苦，再次打开文档。我没有一开始就下笔写，而是将论文分成了几个部分，列出了提纲，化大方向为小目标。

拆解之后，我发现事情好像有了点儿眉目，感觉论文也不那么可怕了。接着就是查资料、看书，按照拆解的部分，每天往前推进一点儿。

遇到比较困难的情况时，我就层层推进，每天写一点点，不知不觉间就把论文写完了。

当时，我好像经历了一场酷刑，虽然痛苦，但好在结果是好的，也让我获得了很大的成就感。后来，每当遇到大任务时，我就尽量将其拆解成很多小项目。这样，行动的阻力就减小了，我也更愿意面对。

如果你有拖延症，不妨试试上述这些秘诀和方法。它们也许不会每次都起作用，但只要坚持下去，一定会有好的结果。

偶尔放弃一下也没关系

一说到三分钟热度，很多人都深有体会。我们总是制订许多计划，可在坚持了两三天后，就放弃了。放弃计划，有可能是因为计划制订得不够合理，也有可能是因为计划和你的目标相差十万八千里，你只是跟风而已。

还有一种情况，大家也并不陌生：

你的计划很合理，每天需要完成的任务也适量，但在坚持了一段时间后，你突然忘了这事。等你再想起来时，心里异常懊恼，有一种罪恶感，觉得完美的计划遭到了破坏，那干脆彻底Game Over（游戏结束），不玩了。

我就出现过这样的状况。有段时间，我给自己规定好每天要早起。坚持了一段时间后，我发现自己每天早上做事效率很高，一整天都有好心情，我对自己很满意。但是过了两天，我就把这事儿给忘了，等后来再想起来，也没有动力继续了。

懒觉是睡足了，白天的时间却也缩短了不少。由于没有早起，我会带着内疚的心情开始一天的工作和生活，并时不时痛骂自己：连早起都做不到，还谈什么实现梦想？

于是，“完美自我”和“现实自我”之间开始了激烈碰撞。“完美自我”恶狠狠地骂道：“你这个人，计划制订得好好的，为什么不执行呢？你知不知道，当你睡懒觉时，别人都在学习啊？你这么不上进，真是太令我失望了！就你这样，能做成什么事呢？”

“现实自我”很羞愧，同时也有点儿愤怒：“去你的完美计划，反正你的要求我做不到，你还老骂我，我不跟你玩儿了。我就是要睡觉，我就是要破罐儿破摔。拜拜，你自己玩儿吧！”

然后，“现实自我”不再搭理“完美自我”，过起了逍遥自在的日子，一个计划都不再执行了。由于一切具体的任务都是靠“现实自我”来完成的，所以，当“现实自我”拒绝合作时，“完美自我”就没有实现的可能了。这时候，一个人的成长就停滞了。

有的人要减肥，就给自己制订了严格的节食计划，偶尔有一天没忍住，吃了个冰激凌，因而被“完美自我”激烈地控诉和批评一番。于是，心一横，干脆不减了，继续吃吃吃。

我的闺密小雯想要减肥，就给自己做了个食谱，一日三餐吃什么喝什么都安排得很详细。刚开始，她坚持得很好，可后来有一天晚上，她实在是饿得受不了了，就吃了份宵夜。

这是超出她食谱计划的，她很紧张，也很自责，觉得自己对节食计划执行得不够完美。于是，第二天，小雯干脆放弃计划，不减肥了，想吃什么就吃什么。

那么，怎样才能让“现实自我”带着愉悦的心情坚持到底呢？这需要“完美自我”学会接纳“现实自我”偶尔的放弃。和每天坚持辛苦地跑步锻炼相比，很多人更想躺着什么也不干。

“完美自我”应该打破自己的执念，允许“现实自我”在执行任务的过程中有一些小瑕疵。比如，学习一样新东西时，“现实自我”刚开始学得很认真，但新鲜劲儿一过，就把学习抛到一边了。

这时候，“完美自我”会出来提醒我们。请注意，这时，提醒的方式很重要。

第一种是呵斥和责骂，比如：“你这个傻瓜什么都干不了，真是笨死了……”

我在跟小雯聊天时就谈到了这个话题。她说，当她不能更好地坚持时，她就是这么说自己的。她认为自己就是很笨，什么也做不到，干脆放弃吧。

我还认识一个叫小茹的女孩儿，她刚学游泳时非常有热情，每周都会去。后来，她的热情就开始慢慢消退了。有一次，她因为家里有事就没去，内心非常自责，于是就暗示自己：我不是游泳的料，以后不学了。

这种呵斥提醒的方式会让人压力和负罪感倍增，心情沉重，哪还有心思继续学习呢？

第二种是理解和安慰，比如：“忘了执行计划没关系，放弃不是什么罪过，你应该休息一下。再说了，你已经坚持得不错了，以后继续坚持实施就好。”

我以前经常用第一种方式攻击自己，结果整日没精打采，什么也不想干。后来，我慢慢转换思维，允许瑕疵存在，结果发现自己反而能有一些进步。

比如学英语，在学了几天后，因为其他事一耽搁，很多新背的单词完全忘记了。某天，我忽然想起来，赶紧再学一些，而不是说干脆不学了。这种偶尔放弃，但是又断断续续地坚持学习，要比彻底放弃强很多。

我的写作梦想也曾中断过。有一段时间，不知道为什么，我就是不想写了，之前列好的选题连看都不想看。我坐在计算机屏幕前，大脑一片空白，一个字都敲不出来。那时的我很害怕：我是不是文思枯竭，以后再也写不出来了？

于是，我暂时停止了写作，开始读书、看电影、看展览。没过多久，我又想写了，就继续坚持写作，一直到今天。写作期间，偶尔的放弃并不影响我的长远目标。我允许自己偶尔出现倦怠、沮丧、放弃，正好给自己一段放松的时间，然后振作精神继续往前走。

今天，你可能被懒惰打败了，明天也被懒惰打败了。怎么办？没关系，后天你要爬起来，努力打败懒惰。

也许，你还会继续被懒惰打败一千次，但你要一千零一次地站起来和它对抗——这就是精进的人生，也是我们奋斗的意义所在。

去做一些你厌恶的事情

经常听说有人潇洒地辞职去旅行，去流浪。他们说，人啊，要听从自己内心的声音，不要被庸俗的事物所困扰。他们觉得，每天“朝九晚五”地上班令人厌烦，只有自由自在、无所拘束的生活才能让人快乐。

我不赞同这样的观点。我发现，那些辞职去旅行的人，很快会面临一个尴尬的现实问题：没钱了，自由行也进行不下去了，还要回到原来的生活中。

当然，如果你是一个已经实现了财务自由的人，你说走就走，去追求自由，那我还挺羡慕的。可我在现实生活中见到的大多数辞职旅行的人，最后都卡在金钱这道关卡上。

至于我自己，为什么没能放下一切说走就走呢？一方面，我确实还未实现财务自由；另一方面，我认为人不能只被内心的感觉控制。

人的感觉非常玄妙。所谓感觉，是大脑对外界事物进行认知后的运作结果。同一件事情，不同人的大脑会有不同的感觉——因为认知方式不同。而同一个人在同一天的不同时段，感觉更是千变万化。

一天之内，我的大脑中会闪现无数个念头，感觉也随之起伏不定，难道我就要放任自己追逐内心的感受吗？如果有些感觉根本就是歪曲事实，那还要听从内心的声音吗？

比如一个刚毕业的大学生，好不容易找了一份合适的工作。他才干了三天，因为出了差错，挨了领导批评。你说他内心难受不难受？他当然难受啊。那他难道也要跟着内心的感觉走，辞掉工作，回家赋闲吗？下次他又找了份工作，受了气，还一气之下辞职吗？如果总是这样，还怎么生存，还怎么提升能力？

有的人在追逐内心的感受时，其实不是真正地追逐，而是在逃避有难度的事情。

乐雷是我的一个读者，他是做设计的，常跟我诉苦，说经常跟客户有分歧，客户总是不满意，让他一改再改。他十分受挫，心里很难受，也越来越不喜欢这种感觉。于是，他愤然离职，以为以后就再也不用应对什么挑战了。

刚离职时，乐雷确实挺开心的——终于不用再面对难缠的客户了。但是，虽然表面看来他听从了内心的感觉，但他也遗憾地错过了磨砺自我的机会。

有谁在工作中没遇到过让人不愉快的事情呢？那不就是挑战和磨砺自我的机会吗？没过多久，乐雷就后悔了。他之前所在公司各方面的待遇都很不错，他找了很久也没能再找到同等待遇的公司。

研究发现，人类的基因设定就是喜欢轻松舒适，因为这样可以节省能量，让人活得更长久。远古时代的人类普遍会出现这样的基因选择，因为可利用的食物资源太少，不能轻易损耗能量。

而现代社会就不一样了，吃饱穿暖已经不是问题，可人们还被基因控制着，下意识中总想偷懒，逃避那些麻烦的、有难度的事情。

于是，我们一直在逃避，可我们却不愿意承认，只好美化自我：我在追逐内心的声音，看我活得多纯粹。

事实真是这样吗？我不否认，有的人确实从小就知道自己内心想要什么，比如想当作家、科学家、医生。他们目标清晰，可以一往无前地追逐梦想。可更多人活在浑浑噩噩中，根本不知道自己的目标是什么。有的人直到死也没有什么人生目标，稀里糊涂地过完了一生。

为什么一些人寻找目标这么难？因为他们对当下的事情投入不够，一遇到问题就逃避，一遇到障碍就退缩，只能在事情的最底层打转，永远体会不到更高层次的美妙感觉。

就像爬山，如果你站在山脚下，视野只有那么一点儿，当然无法看到更多美景。要想看更美的风景，就必须登顶。然而你可能会这样想：爬山这么麻烦，还要出一身汗，还是不爬了吧。

你换了一座山，没爬几步，又觉得太累了，于是决定放弃不爬了，然后抱怨此山无风景。但你不知道的是，那些辛辛苦苦爬到山顶的人，此刻正喝着清凉的饮料，怡然自得地欣赏着山顶美妙的风景。

我的老同学辉哥在一家外贸公司做销售，每天累得要死，还拿不到什么提成。他经常在我们的好友群里抱怨说他讨厌这份工作，不想干了。

有的朋友说：“既然这样，那就辞职吧，现在流行为自己而活。”又有朋友说：“可不能轻易辞职啊，你辞职了谁养活你，要不再试试？”

辉哥实在觉得受不了了，索性去找上司聊天，问上司他是不是不适合这份工作。他的上司帮他分析了当前遇到的难题，并教给了他解决的方法，还开导他说：“你不妨使出全力试一试，等有了业绩，你就会爱上这份工作的。”

之后，尽管辉哥在销售工作中仍遇到了很多挫折，但都不妨碍他成为业务成交量最大的销售人员。现在，他成了营销专家，还经常参加行业论坛，分享营销经验。

现在的辉哥从不说自己讨厌工作，而是成就感满满。如果当初他只是因为一时难受就放弃工作，哪来他今天傲人的成就呢？

那些让你感觉讨厌的事，也许隐藏着很大的机会。所以当你还有潜力可挖时，当你想要退缩时，千万不要被消极情绪带偏了。

我在微博上看到炫先森讲他的朋友素子花殇是如何写作的。素子花殇是一位网络作家，她在7年内写了8部长篇小说，平均每部长篇小说有100万字。

这样算下来，素子花殇要每天写3000字左右。那么，她是怎么做到的呢？

她说，每个人每天可能都要完成一些有困难、有挑战的事情，这些事情就好像是苦药。反正这药早晚要吃掉，还不如仰头一口吞下去。所以，素子花殇即便再难受，也会强迫自己坐在计算机屏幕前开工。就这样一天又一天，她才写出了那么多作品。

我看到这个微博的时候，很受触动。我想，我也要直面那令人生厌的“苦药”，勇敢地把它吞掉，而非畏难、逃避。

心理学家米哈里・齐克森米哈伊说：“每天将若干精力转移至自己厌恶的和未曾做过的事，或想做却嫌麻烦的事情上。世上值得看、值得做、值得学习的趣事何止千万，但我们若不肯花费心思，便无法尝到真正的趣味。”

我深以为然。

对你的“坏习惯”说声谢谢

有很多人不想做自己，因为自己的坏习惯太多，看自己哪里都不顺眼。如果真要挑毛病，那真是几箩筐都说不完。

比如说我，我对自己的一些习惯很抗拒，想消灭它们。

我经常悲观过度。我有一项神奇的本领，那就是不管遇到什么事情，都可以迅速地揣测相应的事最坏的后果。

有一次，我要做线上分享。节目还没开始呢，我就在心里想：万一有人砸场子怎么办？万一有人骂我讲得不好怎么办？想到这些，我心跳加快，恐惧感袭来，整个人坐立不安，如临大敌。后来，我努力克服恐惧感，提醒自己深呼吸，勇敢地接受挑战。

可下一次，当新的挑战来临时，我还会下意识地想到最坏的后果。

我十分不喜欢自己的这一缺点。我希望自己能像别人一样轻松愉快地接受挑战。可对于我来说，想改变思维真的很难。

还有一次，朋友瑞瑞约我抽个时间见一面，她想跟我说件事。我一听就慌了，赶紧回想自己最近是不是得罪过她，她这是要跟我绝交吗？

于是我跟瑞瑞说：“有什么事能不能赶紧告诉我啊，别让我等着，不然我受不了。”然而，她不听，非要跟我见面。

后来见了面我才知道，她要说的是她的情感困惑。她最近喜欢上了某个男孩儿，想让我帮她分析一下对方是否靠谱。我们愉快地聊了一个晚上。看，事实并没有什么可怕的，可我总是把它想得非常可怕。

我行动力也挺差，做事总是优柔寡断。而我们写作群的一位成员思妈，却是个绝对的超前派。她做事从不拖延，每次的写作练习她总会以最快的速度完成。

我很羡慕她，也想达到她那样的状态。可旧有的习惯力量很强大，我越是想尽快完成某件事情，注意力就越不听使唤。我总在紧要关头不停找借口刷手机或者打瞌睡，就是不想面对当下要做的事情。

事事拖延的坏习惯，已经严重影响了我的进步。

我处事也不够冷静，显得比较情绪化。有时，在微信里看到某人的留言让我不开心，我会直接将对方“拉黑”。如果有朋友指出我有什么不足，我会直接开怼，将其言论看成对我的恶意攻击。

事实上，有时候别人真的是出于好心，只是表达方式没那么委婉而已。只要我稍微冷静思考一下，就能给出一个稳妥的回应。但我却很难做到，第一反应就是筑起心理堡垒为自己辩护。

记得有一次，我跟一个同样喜欢写作的文友连续吵了好几天。我把自己掌握的辩论知识都搬了出来，就是为了让对方屈服。结果越吵越生气，我一冲动，就把人家“拉黑”了。过段时间平静下来，我想起这事，觉得自己不该冲动，再想重新加好友时，已经找不到人了。

我还有个坏习惯——经常跟那些优秀的人比较，一比较就觉得自己各方面都不如人家，是个彻底的人生失败者，因而心情很沮丧。我自己也知道这样不好，可下次看到别人时，还是会忍不住在心里吐槽自己。

其实这就是所谓的内心分裂——无法接纳真实的自己。

如果一个人天天在内心进行自我斗争，真不是一件令人愉悦的事情。我们一方面渴望更好的自己，一方面排斥现存的“坏习惯”，导致内心压抑痛苦，很难感受到轻松快乐。

直到有一天，我看到了一本书——奥南朵的《对生命说是》。她在书中对“坏习惯”的诠释给了我全新的启发。

她说：

你应该感谢你的“坏习惯”，因为它们一直在保护你。当然，它们也给你带来了一些限制。

这样的说法，让我有如醍醐灌顶。

比如，我的过度悲观可以让我预料最差的结果，让我提前做出应对方案。它让我把对事情的期望放低，从而不会有太多失望情绪。确实如此，假如我真的遭遇失败，我会痛苦，但是也能接受，因为我都预料到了，一切都在我的掌控之中。

反之，如果事情很顺利，我反倒觉得有点儿不习惯。

我应该感谢这种习惯模式对我的保护，同时也要意识到其局限性所在——过度悲观会让我过于谨慎，抓不住新的机会。

行动力差这个坏习惯，可以让我有暂时的避风港，不用面对外界的危险，保护我免于体会失败之痛。但这也有局限性——它会让我错失一些新挑战。

记得有一次，因为我写稿子太拖延，在截止日期前没有完成答应好的写作任务，把对方给气走了，那个人自此再也没搭理过我。

处事不够冷静，有时显得情绪化，在一定情况下可以保护我不被人伤害；但这对我的心智模式提升没什么好处，而且总会伤害到好心人，让真正想帮我的人对我心怀恐惧。很多时候，别人对我的批评是有参考价值的，我应该冷静分析，然后听取意见，进而改进自己的行事风格。

经常和优秀的人比较，可以让我看到更广阔的世界，知道这个世界“人外有人、天外有天”，即便自己取得了一些成绩，也没什么可骄傲的。这种比较可以让我保持谦虚，不自高自大。但它却也容易让我丧失自信。

感谢自己的这些“坏习惯”，它们曾经让我免于遭受很多伤害，让我在脆弱时可以躲起来为自己疗伤。

只是，随着人生路途的变化，曾经的坏习惯也给我带来诸多限制，让我不能自由地探索更为广阔的人生。

我也意识到了自己的局限性所在，正在努力突破、改变。

如今的我依然会悲观，但是，当我感觉悲观时，我会设想更多情况，会提前考虑应对方案。

我依然会拖延，但是会让自己积极面对当下要做的事情，拆分任务，能做一点是一点。

我还是会拿优秀的人和自己比较，但是我会尽量学习他们的长处，而不是让自己遭受打击。

对坏习惯说谢谢，感谢它们的陪伴，然后，你将慢慢建立新的心理模式，体验更为舒朗的人生。

工作，可以很快乐

我经常看到人们在网上吐槽工作辛苦，要么是老板严厉，同事不好相处，要么就是工作经常要加班，薪水低，还不被重视。

常听上班族说的一句话是“上班如同上坟”。确实，不少人工作时如坐针毡，每天忍受着痛苦和折磨。

有个网络“大V”甚至还写文章劝粉丝接受“工作就是忍受痛苦”这个真理：“为了生存，为了活着，要学会忍耐。这年头，没有几个人是在快乐中工作的，大家都是靠忍耐坚持下去的。”

每当这时，我就会思考两个问题。第一，工作就是要忍受痛苦吗？第二，如果遇到让自己感觉痛苦的工作，我们就必须忍受，难道说就没有其他办法了吗？

这里所说的工作，主要是指职场。对我们普通人来说，这一生都要工作，难道一生都要忍受痛苦吗？这样的人生，想想就很可怕吧？

我刚毕业时在济南找的那份工作，是我经历过的最痛苦的工作。那是一家培训学校，每个员工上班时都要重新起名字，按照学校给的姓来取名，并且不能向同事和学员透露自己的真名。

除此之外，还有很多繁琐的规矩，像女生每天必须化妆、穿高跟鞋，见到领导、同事、学员都要鞠躬，尤其是见到大领导，还得行注目礼……一不小心就要被扣分、罚款。

这些苛刻的规定让刚入社会的我胆战心惊，每天上班都非常紧张，心天天提到嗓子眼儿。

最让我痛苦的是我当时的领导，她每天都紧绷着脸，表情严肃，我几乎没见她笑过。而且，她几乎每时每刻都在批评下属，我每次上班时看见她都战战兢兢，真的是“上班如同上坟”。

那时的我得了“上班恐惧症”，每天很早就起床，起来就发愁该怎么度过这一天。我实在不知道怎么办了，最后终于忍不下去，辞职了。

虽然后来经历了很多曲折，但我最终还是找到了让我快乐的工作，比如跑业务做销售。这样的工作非常符合我外向的性格，可以让我发挥优势，而且很自由。

我每天都骑着自行车在外面跑，拜访不同的客户，和他们聊天、谈合作，还交了很多朋友。虽然这份工作很辛苦，但是我内心却很快乐、很充实。

如果一个人真心喜欢自己的工作，那他表现出来的行为就会完全不一样。我总是每天第一个到公司，第一个去跑业务，业绩也是第一。加班对我来说是一种快乐，反倒是休息对于我来说是浪费时间。

“工作就是忍受痛苦”这个观点其实是片面的。对于热爱自己工作的人来说，工作就是一种享受；对于不喜欢自己工作的人来说，工作确实是一种痛苦。

但工作的快乐没持续多久，我就遭遇了新的烦恼，而且是我认为的职场中最大的痛苦：和领导的价值观不一致。

我想真心做事，真诚对待客户，可我的领导却要求我弄虚作假。我怎么办？纠结之后，只能选择离开。

我之前认识的一个做编辑工作的朋友李立，他也遇到了这种矛盾。他的上司要求他："只要文章阅读量大，你怎么搞都行。洗稿也可以，反正那些原创作者也没精力打官司。"

李立刚毕业，他找的这份工作也算是"过五关斩六将"应聘得来的。他本以为可以安心工作了，结果没想到刚上班就遭遇了"上班如同上坟"的苦恼。

李立说，他每天早上到公司，一坐到工位上，内心就开始打架，痛苦不堪。他是一个对自己要求严格的人，对文字的要求更是一丝不苟，他觉得文字是不能被亵渎的。

但他的同事却和他不一样，同事的态度是：洗稿就洗稿，而且洗得好还有奖励呢，为什么不做呢？

后来他实在忍不下去了，果断辞了职。这次的工作经历给他的内心造成了极大的伤害，他跟我说，要先好好想想再继续工作，趁这次机会好好思考一下工作的意义是什么。

结合我们两个人的经历，我总结了一点儿经验。

一个人在工作中会感觉痛苦，无非就是以下几种原因。

和公司的价值观不一致。比如说，你想认真做事，你的领导却要求你为了流量造假，你怎么办，会不会痛苦？价值观不一致确实是一件很痛苦的事，不利于工作的开展。如果你恰好又是一个立场不坚定的人，就只能被动改变自己的立场。如果你是踏实做事的人，遇到像李立的领导这样的人，那没办法，只有九个字——“要么忍，要么狠，要么滚”。

和同事关系不融洽，觉得领导对自己不公平。有位好友跟我诉苦说她因为讨厌自己的领导，所以也讨厌工作。她每次去上班，一看见领导进公司，整个人都不好了。再后来，那个领导终于调走了，她也可以松口气，开始正常工作。

工作自由度低。就像我前面提到的我刚毕业时找的工作，每天被领导盯着，状态紧绷，完全发挥不出创造力。但是，追求高自由度的工作需要我们有高度的自制能力和制订计划的习惯，因为这样的公司非常注重结果，领导不管你在工作过程中会遇到什么问题，结果才是最重要的。

待遇太差。马云说过：离职的原因无非两种，一种是干得不爽了，一种是工资不够了！很多职场人跳槽都是因为觉得工资待遇配不上自己的付出。我们要对自己工作的价值有所判断，因为有些工作，长期利益比短期利益更重要。

如果一份工作随着时间的推移可以让我们拥有更多的人脉、技能、渠道，那么这份工作就算是待遇低一些也是可以接受的，因为这些东西在我们离职的时候都可以带走，长期价值更高，值得我们付出。

没有发展前途，跟不上时代步伐。这个就牵扯到了工作领域，如果你所在的领域即将被淘汰，那工作起来也会痛苦。不过，对于危机感强的人来说，他们都会提前了解行业趋势，不会坐以待毙。而那些不关心行业趋势的人，可能到最后一刻才意识到危险。

有一阵网上热传的高速公路收费站失业大姐哭诉自己“36岁，除了收费什么都不会”，就是职场上后知后觉带来的痛苦。

对现在的年轻人来说，感觉工作痛苦的原因简直是五花八门。上班路程太远、公司没有零食、食堂饭菜难吃、休假时间太少、不允许谈恋爱等因素都可能导致工作痛苦。幸福的工作都是相似的，痛苦的工作各有各的痛苦。

既然工作有那么多痛苦，难道说我们就无法快乐地工作了吗？

当然不是。在我看来，快乐工作其实不难，关键是要找到能够让自己快乐的工作。

找工作有一个基本前提：与应聘单位价值观一致，而且得是正向价值观。

每个人对正向价值观都有自己的判断，它的底线是不能为了金钱出卖良知，触犯法律，这是所有人都必须坚持的。以它为前提，才能谈快乐工作，否则，你是无法做到真正快乐的。一个天天弄虚作假、坑蒙拐骗的人，即便取得了成功，那也是暂时的，违心带来的快感不是我们所提倡的快乐。

人一辈子都要工作，如果我们能够快乐地工作，为何非要在痛苦中挣扎呢？我们可以通过调整和尝试，让自己达到快乐工作的状态。我们可以想办法改变心态，体验工作中的心情流动。

人们总以为上班痛苦，下班快乐，其实这是一种误解。心理学家米哈里通过实验发现：**人们在工作中体验到的心流状态最多。**

什么是心流状态呢？简单地说，就是你好似忘记了外界，忘记了时间，完全沉浸在当下的工作中。比如，我在写作时就经常体验到心流状态，有时甚至忘记吃饭、睡觉，等到写完回过神来，才发现时间已经过去很久了。

我们还可以主动改善与同事的关系。我曾经在写作群里推荐过一个写作话题——“写写你最喜欢的同事”。有人告诉我说他一个自己喜欢的同事都没有。

我建议他尝试一下，尽力发现同事的优点，找出同事身上经常被人忽略的闪光点。他冥思苦想一番后，还真的写了一个同事。这一写不要紧，他发现这位同事不仅有能力，还给过他很多帮助，并在关键时刻替他说过话。

他写下来以后，发给那个同事看。那个同事感到很意外，也很惊喜，没想到平时高冷的他会主动表达感谢。两个人越聊越对脾气，就一起吃了个饭。他们的关系越来越融洽，后来还一起合作了一个重要项目。

工作中的人际关系非常重要，对职场中的人来说，人际关系就是生产力，好的工作关系能够为我们插上成功的翅膀。

摆脱无力感，
拿回你的人生主动权

提升个人能力，增加业绩，多赚钱，这是一个很现实的工作循环。多年的销售经验使我对此深有体会。对业务员来说，业绩越好，工作越快乐。如果业绩不好，上班是很痛苦的。这条路是没有捷径可走的，你只能努力工作，用成绩获得客户的认可。业绩增加，赚钱多了，工作时能不开心吗？

给自己的工作赋予意义，哪怕意义很微小。其实，有些工作岗位是无法用业绩衡量的，比如说行政工作、后勤工作。

日本羽田机场有一位清洁工叫新津春子，她工作非常认真，打扫时不放过任何一个角落。虽然她只是一名清洁工，但是非常专业，对80多种清洁剂的用法倒背如流，对污渍成分也了如指掌。

也正因如此，她在2016年被评为日本“国宝级匠人”，她所在的机场——羽田机场也因此被评为“全球最干净机场”。

快乐工作的关键是你首先要热爱和喜欢自己的工作。很多人说工作是为了赚钱，但是我们要知道，人不仅为了金钱而活，还为了信仰而活。

世界上有很多伟大的人物，他们工作不但没有任何酬劳，甚至有时还会把自己的钱捐献出去，比如特蕾莎修女、施韦泽医生。这样的人，就是为了信仰而活。他们认可自己的工作，从工作本身体会到崇高的意义感和成就感，金钱对他们来说没那么重要。

这些伟人的高度，我们可能一生都达不到。但是，我们可以先实现一个小目标，让自己充实并快乐地工作，体验工作的乐趣，不被痛苦束缚。

Part 6

高效执行是摆脱挫败感的利器

专心打好自己的牌

每次一打开朋友圈，我就像受到了千万次暴击一样心痛，看着朋友圈里别人晒的生活照，我的心里只剩下羡慕和嫉妒。

有人晒旅游照：逛著名景点，住五星级酒店，吃海鲜大餐；在沙滩上懒洋洋地晒着太阳，穿着比基尼，身材修长苗条……

人人都喜欢看美女，我也不例外，所以每次看完之后我都会低头看看拿手机的自己：我这辈子会有这种身材吗？会住五星级酒店吗？会生活得这么优哉游哉吗？

有人晒幸福："我老公对我太好了，把我宠得像个小宝宝，我要天上的星星他也会找个梯子给我摘……"

还有的晒个人成就："很荣幸受到某某行业大会的邀请，本人获得了年度最佳。"然后是奖杯照片、合影照片一大堆。

更有一些牛人，到处飞来飞去，不用为金钱担忧，随性自在，想干什么就干什么。

人总是会跟别人比较，在心理学上有个专有名词——社会比较理论。这种理论认为，我们之所以会跟别人比较，主要是因为我们每个人都具有评价自己的心理动机，在缺乏客观的、非社会标准的情况下，我们会以他人作为比较的来源和尺度，通过对比来评估自己的态度、能力和反应的适宜性。

我每次看到别人晒幸福的照片的时候，都会在心里暗想：为什么他们能过得那么开心惬意，而我却这么孤单寂寞？

我总以为自己是我的朋友圈里活得最惨的一个，却忘记了，还有那么多的人仍在苦难中挣扎。

大街上有一些流浪汉，他们睡在路边，住在天桥下，衣不蔽体，整天在垃圾桶里捡吃的。他们不是过得比我更辛苦吗？

还有带给我强烈触动的一个打扫厕所的男孩儿。我住在某地的城中村时，因为住的地方没有洗手间，所以只能去公共厕所。每天早晨醒来，我总能看见那个打扫厕所的男孩儿。

他每天都会用长笤帚和大簸箕，把那些污秽不堪的厕纸装到垃圾车的车斗里。他干活儿很麻利，不一会儿就完成了清扫工作。完事后，他发动车子，打开音响，大声唱着：“你是我的玫瑰，你是我的花；你是我的爱人，是我的牵挂……”随后，他像个潇洒的摇滚王子一般风风火火地开车出了巷子。

对于他，我既疑惑又羡慕：为什么他连扫个厕所都能那么开心，而我坐在办公室里，风吹不着，雨淋不到，却整天愁眉苦脸？

我经常会陷入消极情绪中，在心里对自己说：不幸福的人没必要活着。因为我一直觉得自己活得不快乐，体会不到人生的幸福。总是为他人的幸福生活鼓掌更让我迷茫、抑郁，在我看来，这样的人生没什么意思。

但后来，我顿悟了。

我们每个人的存在、每个人的境遇，就像抓到手里的那张牌，不翻过来，永远不知道是什么。家庭背景、社会背景、人生际遇……都是随机的，谁也不知道自己会抓到一手好牌，还是一手烂牌。

既然如此，我们为什么还纠结于那些难以改变的事实呢？

虽然我们无法改变那些既定事实，但我们也不能就此认命，我们可以尝试去改变那些我们能改变的部分。

那个打扫厕所的男孩儿没办法改变自己的出身，但没关系，他可以选择快乐地活下去。虽然生活已经有了诸多磨难，可他依然能坦然接受。“生命以痛吻我，我愿报之以歌”，对于他来说，生存才是他首先要解决的问题，只有活下去，生活才能继续，也才有可能逆风翻盘。

无论如何，我们都应该满怀希望，专心地打好自己的牌。要知道，逆风翻盘往往会在绝地反击后来临，只要不放弃，就会有赢的机会。

你看不起的微行动其实威力巨大

新的一年来临时，我们都会制订新年计划，打算今后好好奋斗。可没几天，很多人就把计划抛诸脑后了。

我们都羡慕那些行动力强的人。像我们写作群的思妈，她可以做到每天早上4点多起来读书写作。她总是第一个交作业，还常常超前完成任务。

她好像不知道什么叫拖延症，做事情特别干脆利索。而我属于典型的“懒癌晚期患者”，能坐着绝不站着，能躺着绝不坐着。

我也知道这样不好，可一直杜绝不了。每次我下定决心要做一件事情的时候，总会遇到各种拦路虎。那么，我们如何才能让行动力“满格”呢?

我曾经问过很多行动力卓绝的朋友，很多人都表示，他们从小到大都不怎么拖延，有问题就赶紧解决，绝不耽搁，如此给自己的生活“做减法”。

但实际上，大部分人都没有这种觉悟。如何提升行动力是一个系统问题，牵扯到基因、后天环境、情绪控制等各方面因素。对我这种

“懒癌患者”来说，要是想从0一下子升级到10 000实在是太困难了，这个目标数字对于我来说过于庞大，除非重新设定一下基因。当然，这是不可能的。

从整体来说，这个目标数字确实太大了，但我们可以换种思维方式，试着把目标放低，将目标进行分解。比如说，我们可以一点一点提升，先从0进化到0.1，再到0.2、0.3……这样就容易得多。

斯蒂芬·盖斯有一本书叫作《微习惯》，我强烈建议像我一样的“懒癌晚期患者”看看这本书。它提供了一种新的看问题的角度——从“微习惯”做起，对于普通人来说，这是很容易就能做到的。

在我们以往的观念中，好的习惯一般是比较大的目标，比如每天跑5公里、每天写2000字，但这样的习惯大多数人是坚持不下来的。我们可以试着从微习惯做起，如每天做一个俯卧撑，读几页书，写几十个字……对于大多数人来说，这样的微习惯还是比较容易的。

我按照他说的，果然轻松行动了一段时间。对于“微习惯”这个称谓，其实我更喜欢把它称为“微行动”，因为“微习惯”听起来还是带有一些压迫性。

我对“微行动”的定义就是：如果某件事情对你来说很重要，可你又害怕去做，可以先找出最容易的那个步骤，先行动再说。

举个例子，如果你特别想写作，可是又觉得下笔很困难，那可以先从一个句子开始写。比如，今天可以写一句：“我想写作，可是我不知道怎么写。”OK，只这一句就行了，明天可以继续写另一句话，后天还可以只写一两句。也许过不了几天，你就会忍不住写上一大段话。再到后来，你就会发现，一旦写下第一句，第二句自己就冒出来了，因为人的思维是需要用行动来激发的。

再比如，房间里很乱，需要清理，可面对一屋子的杂物，我们不知道该从何下手。这时候，我们可以先做最容易做的事儿——先把垃圾倒了，或者把桌子擦了，然后明天再干一点点。

事实上，人常常一干起来就不想停下来，不知不觉就把活儿干完了。这就是微行动的威力，它能够引导你随时付诸行动。

但很多时候，我们是看不起这样的微行动的，因为我们太贪心了，总想着在一天之内“脱胎换骨”，只想着做大事，看不起这些小事。结果一天过去了，不仅大事没干成，小事也没干。

我们有时候也非常矛盾，总觉得目标离自己太遥远了，认为自己肯定完不成；却又不断地悔恨，恨自己一直在浪费时间。其实，不是我们不够有毅力，那些行动力强的人也未必多么有毅力，只是他们很有谋略。

心理学家乔纳森·海特在《象与骑象人》这本书中提到了人的两个思维系统——自动化系统和控制化系统，前者类似大象，后者类似骑象人。

当我们给自己制订了一堆计划，要求自己做这做那的时候，就好像是骑象人在发出命令。可大象未必听你的啊，大象也有它自己的喜好和规律。再比如说，你这会儿想去厕所，你用意志力控制一下试试？有几个人能控制得住？

明明大象已经困得不行了，你还要让它干活儿，它肯定不愿意配合你。你要做的就是和大象交朋友，慢慢地引导它上路，而不是总用鞭子抽它、威胁它。因为那样的话，它早晚会跟你翻脸的。

大象翻脸时，它的自动化系统就会占上风——会继续拖延，而不是投入地工作。因为你不尊重大象，没有看到大象的努力。你骂它，它委屈了，就不跟你玩儿了。那么，我们该怎么做呢？合理的做法是先安抚大象，与大象“协商”，再一点点往前走。当大象体验到往前走的乐趣时，不用你逼迫，它也会自己主动往前走。

就像写作，我们可以先哄着自己写一点，然后再写一点，写着写着就发现根本停不下来了，非常神奇。阅读也是如此。晚上睡觉前可以对自己说：随便看多少都行，哪怕打开书只看一眼呢。通常情况下，我们一打开书，就会不知不觉读进去。

每天临睡前的准备工作也是这样。我一直觉得这些准备工作对我来说特别烦琐——洗脸、刷牙，还要涂各种护肤品，有时候会觉得特别累。这时候，我就对自己说：“今天洗个脸就睡觉，别的什么也不弄了。”可是，神奇的事情发生了，只要我开始洗脸，就忍不住想泡脚，之后就忍不住把所有的流程都走完。因为大脑会说：“没事，反正只干这一个环节，又不累。”

你不要低估大象的能力。只要你了解它的运动规律和它的需求，尊重它的感受，它就会配合你，帮你达到所要达到的目标。

我们总说性子急的人不耽误事儿，做事情的速度快，但其实那些内心平和的人做事情效率更高，因为他们驯服了内心的大象。就算一时半会儿没有达标，也不要紧，让大象喘口气，吃点儿东西，休息一下再上路。

我情绪不佳、不想动弹，这就说明我的自动化系统（大象）累了，需要调整一下。这个时候，我就哄自己：起来转一转，泡点儿茶，收拾一下房间，或者去楼下散会儿步，跳跳广场舞。

对于完美主义者来说，“微行动”更重要，但这需要他们改变自己的思维方式。完美主义者在做事情的时候，总是持有一种“全”或“无”的二元对立思维，这样会错过很多东西。要知道，无论做什么事情，不是只有0分和100分的。

我们先拿到1分，是不是也可以？开天辟地的大事你可能掌控不了，但却可以掌控小事。我们可以把任务不断进行拆分，直到拆分到能做的那步。

就像我每天都会列清单，有时候，我连点外卖、上厕所都要写在清单上，以此建立掌控感。试想一下，人生不就是由一件又一件的小事组成的吗？第一件事掌控了，第二件事掌控了，第三件事掌控了……在不知不觉中，你就掌控了自己的人生。

比如这篇文章，我写了好几天。我先写标题，再列提纲，然后写大致段落，最后对每一段进行细化……每天推进一点儿，文章很快就完成了。

当然，这样的结果可能是不完美的，但好歹我从0进化到了0.1，要知道，一丁点儿的进步也是进步啊。我所写的几十万字的稿件，就是靠着这样的微行动，一点一点积累起来的。

所以，我们可以先试着从一点一滴开始，进步一点点就是精进，即所谓“不积跬步，无以至千里；不积小流，无以成江海”。

直面挑战，体验高级的快乐

朋友小齐最近在工作上遇到了挫折，他实在忍受不了了，就准备辞职。

我问他："钱花完了怎么办？"

他说："不知道，再想办法呗。"

他以前也是这样，每次遇到挫折就想逃避。他就这么一直逃避着，能力上也没什么长进，到现在还没有什么积蓄。他说这样跳来跳去挺快乐的，不用每天辛苦地上班赚钱。

我不认同他的观点，觉得他的这些行为实在是太幼稚了，一点儿都不成熟。谁还没有遇到过挫折啊！如果每次遇到挫折都想逃避，那我们还怎么成长呢？

我也有遇到挫折想要逃避的时候。大家都知道，在大城市生活，压力挺大的，房租高，物价高，消费也多。每次我压力大想逃避时都会想：要不回农村吧。回到村里可以住爸爸妈妈的房子，随便种点儿粮食就够吃了，还不用每天上班打卡，多快活啊。

可是再一想，既然活着只是为了满足口腹之欲，还不如去原始森林，找个野果多的地方，再找个山洞一住，一年四季都有吃的，还不用种地，岂不是更轻松？

可是，人活着，难道只是为了体验这种轻松的快乐吗？

身边的朋友常跟我讲这样的故事：在北上广等一线城市，有很多人通过炒房或者金融投资，很早就实现了财务自由。他们不再工作，跑到丽江和大理买了别墅，每天游山玩水，吃喝玩乐，过着不用工作、没有挑战的生活。我想，可能很多人都梦想着过这样的日子吧！

这种日子刚开始时会很惬意，可过着过着就无聊了，有的人甚至会得抑郁症。其实，这都是因为没了精神寄托。无所事事的日子过久了，就是一种煎熬。

心理学家马丁·塞利格曼在《真实的幸福》中曾写过一只蜥蜴的故事。

杰恩斯教授买了一只亚马逊蜥蜴当宠物。刚开始的时候，这蜥蜴不肯吃东西。于是，杰恩斯教授就给它买了一堆好吃的，可蜥蜴都不为所动。眼看蜥蜴饿得奄奄一息，马上要死了，杰恩斯教授依旧无计可施。

后来有一次，他无意中把看完的报纸放在蜥蜴的食物上，没想到，蜥蜴立刻跳上去撕碎报纸，把食物一口吞了。原来，就算是一只蜥蜴，也需要挑战，只有通过努力获取的食物才对它的胃口。

其实，人和蜥蜴一样，如果只是沉迷于很容易就能得到的快乐中，不应对挑战，就永远无法锻炼自己的能力，也体会不到成就感。

吃外卖、玩手机的日子纵然轻松快乐，但这些快乐是不用费什么劲就可以体验到的，得来容易，却转瞬即逝，不能让我们获得心智上的成长。

我曾经以为每天躺在床上玩儿手机、点外卖就是“神仙生活”，但没过几天我就受不了了，这种日子对我来说实在是一种煎熬。我曾经以为我会很享受这种生活，然而事实证明，每天过着这样的生活，我的能力就像一个摆设，没有发挥的空间。

是的，我们只有面对挑战，最大限度地发挥自己的能力，才能体验到至高无上的快乐。

周末如果只是刷两天手机，你会产生无聊颓废之感。可如果你尝试着挑战一下过去不敢尝试的事情，就会有新奇的体验。

比如，我曾经在写作群里发起过写作挑战，要求大家在一天内写出七篇千字文，或者是在两天内写出五万字，写不完就发红包。

刚开始，大家都以为自己不行。但是在挑战的过程中，所有人的潜力都被激发了。最后，大多数人都完成了挑战，有的人甚至因为写作太投入而忘记了吃饭。

当挑战结束时，很多人都兴奋地表示：“通过这个挑战，我重新认识了自己，发现自己原来这么能干。这样的周末，真是有意思，比玩儿手机充实多了。”挑战带来的快乐和成就感让我们回味无穷，也增强了我们的信心。

经过努力得来的才有意义，高层次的快乐必须自己去获得。

有些人家境优渥，一出生就什么都有了。他们不用奋斗，不用努力，就可以获得普通人奋斗一生都得不到的东西。但他们开心吗？不见得。

整天无所事事、吃喝玩乐，这样的生活过久了也会乏味。他们的快乐只是物质上的快乐，是没经过努力就获得的，是低层次的。他们所享受的一切都来得太容易，所以他们不会知道，快乐是存在于每一天的努力之中的，是存在于对未来的美好期待中的。

就像爬山。爬山有好几种方式，有人选择坐缆车上去，有人选择自己爬上去。坐缆车的人不用费力气，轻轻松松就能到达山顶。爬山就要辛苦多了，登山者需要一个台阶一个台阶往上爬，不一会儿就累得满头大汗、肌肉酸痛。

虽然两种方式都能到达山顶，但明显自己爬上去的人体验更丰富。经过自己的努力爬到山顶，连沿途的风景都会可爱起来。

社会进步给我们带来便利的同时，也让我们失去了很多快乐。

我们总是用那些容易获得的快乐来“安慰”自己，比如我们网购的很多东西，那些漂亮的衣服饰品和昂贵的包包、精美的食物……以为这样就可以了，可这样的快乐就如同泡影，很快就会消失。

马丁·塞利格曼认为，这种容易获得的快乐大多数是生理上的愉悦，来得快也去得快。而那些要经过挑战才能体验到的高级的快乐，才显示出心理上的成长，是我们建构未来的心理资本。

我们人人都需要高层次的快乐，因为这会让我们对生活有更多的期待。但是，这种高层次快乐的获得是需要付出一定代价的。刚开始的时候可能会感到有些痛苦，但只要咬紧牙关，我们就可以坚持到底。

我刚开始跑步时，感觉非常痛苦，认为自己一定坚持不下去。于是，我告诉自己，只要坚持下去，就可以减肥、健身，结果瞬间就有了动力。

活在世上，我们要体验那些不费力的快乐，但更要追求高级的快乐。因为在追求高级的快乐时，我们可以激发更多能力去应对挑战。在这个过程中，我们会在不知不觉间实现人生的升华。

勇往直前，和恐惧面对面作战

人们有各种各样的恐惧症。有的人害怕社交，一到人多的地方就浑身战栗，说不出话；有的人害怕站在广场上，一站在广场上就会呼吸困难，生不如死；有的人不敢去超市买东西，因为他害怕和人打交道；有的人不敢坐电梯，一进电梯就晕倒；还有的人有晕血症，一看到血就会头晕……

一般人很难理解这些恐惧症，也无法理解相应的某些东西有什么可害怕的。

有句话说得好："甲之蜜糖，乙之砒霜。"你觉得能够轻松完成的事情，对有的人来说可能难如登天。

曾经看过一个心理学治疗故事，讲的是"毛巾恐惧症"。

有个人的恐惧很奇特：他不恐高，也不怕社交，就是害怕看到毛巾。他不敢看见毛巾，可在生活中又不得不接触，因为洗脸、洗脚、洗澡都要用到毛巾……他非常痛苦，不得不向心理咨询师寻求帮助。

心理咨询师决定采用脱敏疗法对他进行治疗。他把患者带到一个放满毛巾的房间里，患者一看到满屋的毛巾，直接吓得晕了过去。心理咨询师把他弄醒后，他又晕了过去，如此反复几次，终于，他看见毛巾再也不晕了。

这种方法其实并没有什么神奇之处，只是为了让他能够直面恐惧的真相——毛巾并不可怕，令人恐惧的是自己内心的想法。

对晕血症患者也可以采用脱敏疗法。一开始，患者会恐惧得恶心呕吐，但见的次数多了以后，这种恐惧就会减弱，直至消失。

其实对于大多数人来说，都或多或少有一些看不见的恐惧心理。短期来看，这种恐惧心理不会影响工作和生活，但时间久了，就会发现它的影响还是挺大的。

比如，有的人害怕接电话，当然了，这种恐惧还不至于让他看见电话就晕倒，但会让他在电话响起时不敢接。虽然平常这样没什么影响，但如果是个重要电话，不接就会耽误事儿，还会影响心情。

这些都没什么值得恐惧的，真正令我们恐惧的不是事情本身，而是我们自己内心所幻想出来的恐惧。

我们总是把事情的后果想得很恐怖，自己吓自己。其实，多数情况下，事情本身并没有那么可怕，是你先把自己吓住了。

我自己也是这样。每次在做一件从来没做过的事情时，我的内心就会有各种恐惧：是不是很可怕？我会不会被吓死？我失败了怎么办？别人笑话我怎么办………

来北京工作这件事就让我恐惧了很久。我之前从没想过我会来北京。毕业后，我一直在小城市工作，每次看到新闻上报道北京，无非是地铁车厢里塞了多少人，公交车站排了多长的队，地下室环境多么艰苦……

北京给我的感觉就是诸事不容易。我看看新闻都吓懵了，更别说来北京工作和生活了。我打定主意：这辈子都不要去北京工作，以后顶多去旅游一下。

但是，后来，因为一个偶然的机会，我还是来了北京。结果，我并没有饿死，还喜欢上了这个大都市，梦想着要在这里打拼出一番事业。虽然中间也遭遇了一些挫折，但最后都被我一一克服了。

人的承受能力是会在不断的磨炼中增强的。现在回过头来想想过去的自己，我仍然会觉得好笑：连尝试都不敢，听见别人说可怕就觉得可怕，这样看来，自己过去错过了多少机会啊！

让人感到恐惧的事物其实没有那么可怕，很多时候都是我们自己吓唬自己。

朋友红红就是这样，她老是自己吓自己，结果差点儿把自己吓成了“无业游民”。她刚刚从上一家公司离职，最近一直在找工作。我们帮她介绍了很多工作，可她一个都不敢去尝试，怕面试失败。其实她很优秀，英语过了专业八级，很有实力。可她就是不自信，惧怕面试，就这么拖着，每天都愁眉苦脸。

我们都不明白她到底在害怕什么。换个角度想想，就算面试失败了，又能有多大损失？顶多就是多花几块钱的地铁费，多发出去几张简历。

后来，她跟我们说明了自己为什么害怕：对她来说，多花钱倒也无所谓，主要是心理上的挫败感。因为过去遭受的挫败多了，所以她会产生“习得性无助”，觉得自己干什么都会失败。

这种认知是狭隘的。越是这种时候，我们越要勇往直前，和恐惧面对面作战。还好，最后在朋友们的开导和自己的努力下，红红战胜了恐惧，顺利找到了工作。

我在清华大学上积极心理学培训课程时，同组的同学家杰给我推荐了慕课的积极心理学课程。这个课程是由宾夕法尼亚大学的马丁·塞利格曼教授讲的，视频全英文，无中文字幕。家杰跟我说，这门课通过结业考试会有证书，我一听就吓得头皮发麻：全英文课程，我能看懂吗？还有考试，我能通过吗？想想都可怕。

虽然我想学，但是未知的恐惧压过了我的求知欲。我连那个网站都不敢登录，因为怕听不懂。后来，我抑制不住自己的好奇心，终于鼓起勇气在那个网站注册了账号。

试听了课程后，我发现，根本没有想象中那么可怕！视频中的大部分英文我都能看懂、听懂。只有一些生词不认识，但这个难题很容易解决，一查词典就全懂了。

通过这件事，我总结出一个道理：我们在面对未知的事物时，会虚构一些可怕的东西，自己吓自己，那样只会让恐惧束缚住我们的脚步。

当我们真正勇敢面对时，会发现障碍本身并没有那么可怕，是我们自己幻想出来的感觉上的恐惧超过了事实上的恐惧。

那么应该如何减轻这种恐惧感呢?

我的建议是：多了解，多关注，多思考。如果害怕一件未知的事，可以在做这件事之前，从多方面了解相关细节，不能只关注一个角度。了解之后，再考虑一下失败的后果，承担得起就去行动，但切忌盲目行动。

我之前之所以害怕来北京，就是因为我没有从多方面了解北京，看到的信息都是负面的；我害怕学英文课程，也是因为我没有多关注，在信息不全面的情况下，我根本不知道自己要做什么准备，所以这种情况下所有的猜测都是不靠谱的。

最牛的人不是一直成功的人，而是敢于直面恐惧的人。这里的“直面恐惧”，不是说看见疾驰过来的汽车很恐惧，所以你就迎头撞上去。我想表达的是，我们在工作或者生活中遭遇恐惧时，要战胜心理上的畏惧感勇敢去面对。

别逃避，可能刚开始你会很紧张、害怕，但没关系，再试一次，你可能就成功了。

放下完美的执念，马上行动

经常看到有人为自己“拖延”而痛苦，该提前做的事情总是一拖再拖，拖到最后不得不在痛苦和懊恼中完成。

为什么会拖延？为什么会懒？这背后是有心理原因的。与其给自己贴一个负面的标签，不如了解自己，找出解决问题的方法。这个问题的心理原因就是：苛求完美，害怕失败。

你之所以迟迟不去做某件事，是因为你一直在等，你想等条件好了再去做，准备好了再去做，状态完美了再去做。所以，根本不是你懒。

我们想去见一个自己喜欢的人，可是不敢去。我们觉得自己身材还不够好，打扮还不够时尚，说话方式还不够成熟……总而言之，就是一切还不够完美，我们要再等一等，等到完美了，再去见他。

我们想学一种新的语言，可就是不敢去学，因为我们担心自己的发音不标准，时间安排不过来，坚持不下去……我们等啊等，可一直等不到完美的时机。

我之前在一个学习群认识了一个叫凯的男生，在他的朋友圈里，我经常见他表示想参加越野马拉松比赛。他在了解了越野马拉松的情况后，发现要做很多准备——得提前锻炼身体，买装备，熟悉地形，还要买防蚊虫药物……

凯说，他得等一等，他工作忙，身体不好，状态不完美，现在还不适合参加这种比赛。结果他等了两三年，还没有参加过一次越野马拉松比赛。每次他在朋友圈看到别人又去参加比赛了，就感慨一番，说自己要是各方面状态完美，一定会去参加的。可谁也不知道他什么时候能实现状态完美。

为什么非得完美？究其原因不过是害怕犯错误，害怕失败。我们幼年开始探索世界时，会想尽各种办法去尝试。

最初，在探索遭遇挫败时，父母会引导我们，帮助我们去探索。可是，并不是所有的父母都是完美的，有的父母会在孩子探索失败时给孩子贴上各种标签：蠢、笨、懒……

失败本来只不过是一种体验，也在我们的承受范围之内。可是，当我们被贴上一些消极的标签后，我们会对自身的存在产生怀疑，对自己的失败产生厌恶和恐惧心理。

为了讨好父母，你一定不能失败，不然他们会说你蠢。你肯定不想被人说蠢，因为你害怕被抛弃。为了不被别人说蠢，你做出了选择：拖，或者干脆不行动。

拖着，等条件完美了再去做，成功的概率会变大。不然就干脆不行动，那就不会犯任何错误了，也不会被批评。为了面子，我们什么也不想做，等待和拖延成了最稳妥的策略。

那些在消极环境下长大的孩子，行动缓慢，反应迟钝。他们对失败的恐惧超过了对新事物的好奇。他们把自己的心封闭起来，再堵上厚厚的屏障，用拖延保护自己，对抗失败可能带来的痛苦。

记得我高考那年，有个平时成绩很好的同学弃考了。他的成绩一直在上游，不出意外的话，能考上一个不错的大学。可他极度害怕失败，因为他爸爸妈妈说如果他考不上理想的大学，就是个废物。

他没有百分之百的把握确定自己可以成功，所以选择了弃考，不让失败发生。可是，这样做的结果就是，他爸爸妈妈认为他无可救药，再也不管他了，结果他现在一直在外面打工流浪……

罗振宇曾经在一篇文章里提到他们做“得到”APP（手机客户端应用程序）的一些心得。他说APP刚做出来的时候存在各种问题，他们想着要不要等APP完美了再推出。但后来，他决定马上推出，不要等，因为再等也等不到完美的那一刻。APP推出后，他们不断修改完善，做得越来越好。如果只是等待完美，可能再等30年这个APP也没法推出。

我参加某次活动时，认识了两个喜欢演讲的女孩儿——小非和小韵。她们都喜欢演讲，但两个人的基础都不好——普通话不标准，台风也一般。

小非并没有气馁，她开始不断寻找各种演讲的机会，在实战中不断磨砺自己。她在书店、学校、公司等各种场所演讲过，一次又一次的演讲后，小非的普通话越来越标准，演讲能力也有了大幅提高。

而小韵呢，后来我再问起她演讲的事情时，她支支吾吾，总是说还想再等等，觉得自己状态还不够完美。时间已经过去很久了，她还在等待。我们不知道她到底要等到什么时候。

我们不是等到长了大长腿再去学走路，而是在能走路的时候，就尝试着走一走；如果姿势不对，那就换个姿势，一边走一边改进。当然，这个过程不容易，因为走路时一些错误的姿势会让自己栽跟头，甚至会有人笑话你走得难看。这些情况是一定会出现的，我们要有心理准备。你一定要明白，别人笑话我们，那是他们思维狭隘，不是我们的错。

每个人都有很多计划，不能总想着各方面都准备得完美了再行动。实际上，你是不可能完美的，你这辈子都不可能完美，下辈子也不可能完美。完美是一个我们想靠近，却永远无法靠近的状态。

有时候，就算你认为自己准备得完美了，还是有人对你不满意。他们会嘲笑你、攻击你，因为他们天生喜欢说风凉话。所以，应当放下对完美的执念吧，立刻行动，为自己的人生拼一把。

人生主动权，应该牢牢握在自己手里

在生活中，我们经常会遇到这样一些姑娘：她们对另一半有强烈的依赖感，总希望对方为自己负责。

我的朋友小夏就是这样。她开着一家精品店，生意做得很好，每天早早就去店里，整理店面，布置饰品，迎接顾客的到来。小夏很有生意头脑，进货时总能挑到优质的商品，加上对顾客有耐心，服务热情，所以客源总是很充足。

隔壁开了一家男装店，店主是个男生。那个男生叫冬子，经常过来找她聊天，一来二去，两人熟了，后来就成了情侣。

按理说，有了女朋友，冬子应该更加勤奋才对。可他却变得越来越不成样：喝酒、赌博，店铺也全权交给了小夏打理。小夏要管两个店，自然忙不过来，就对冬子发了脾气，让他回去管自己的店。

冬子说："要不把你的店退了，我的店你来管，反正以后咱们是一家人，女人总要依靠男人的。"

冬子的话让小夏心动了，不过她并没有把自己的店盘出去，而是请了人来帮忙，她则帮冬子管店。

小夏把冬子的服装店打理得蒸蒸日上，冬子经常过来拿钱，偶尔也给小夏留点儿，说让她去随便买衣服。仅仅是这样，小夏就已经很满足了，她觉得冬子没把她当外人，所以她开始憧憬着跟冬子结婚。

有一次，我去找小夏，她聊起了拍婚纱照办婚礼的事，满脸的幸福。我很愕然，就问她："冬子天天喝酒赌博，能靠得住吗？"小夏说："能啊，现在他把店都交给我了。这说明他信任我，我相信他会对我负责的。"

我劝她："对你负责？他对自己都不负责，整天跑出去玩儿，把店扔给你一个人。你还指望他对你负责？你帮他赚的钱，他给了你多少？"

小夏说，其实她自己也想过这些，可内心里总觉得女人还是得依靠男人。但事实却不是这样的，实际上是她在养着冬子，但在心理上，她摆脱不了对冬子的依赖，她还对冬子抱着希望，期望冬子结婚后会变好。

后来，小夏怀孕了，她兴奋地告诉冬子，以为冬子会给她一个完美的婚礼。谁知冬子却说："我现在还不想结婚，这个孩子先不要了吧。"小夏在失望和愤怒中打掉了孩子，砸了冬子的店铺……

女孩儿们从小就被教育：要知书达礼，要勤劳贤惠，长大了才能嫁一个好男人。于是，许多女孩儿明明自己有能力，有潜力，却把希望全放在了男朋友或者老公身上，指望对方为她们的人生负责。

只可惜，男人也是人，也有自己的迷茫、脆弱和恐慌。有的男人对自己都负不起责任，你还指望依靠他，这不是给自己挖坑吗？

记得我还在上小学时，有一次，我剪了一个难看的发型，结果被村里的人笑话。他们吓唬我，说我头发剪坏了，将来找不到好男人。当时的我很不以为然，因为我那时的梦想是当个居里夫人那样的科学家，找不到好男人又有什么关系呢？

成年之后，几乎所有单身女性都会遭遇催婚、逼婚。这种社会文化，逼迫着所有女性只能走一条路——嫁人、结婚，否则自己的人生就是不完整的。

我很能理解那些想找个男人依附的女性，因为她们从小就受到这种观念的影响，她们觉得这就是天理。在这种追寻中，她们忘记了最宝贵的东西——自己的力量。身为女性，我们自身有着巨大的能量，应该将它挖掘出来，而不是只依靠男人。

女人想要的一切，不必通过男人才能获得。女人可以直接去追求自己想要的一切——不管是自由，还是事业。

我在北京认识了很多优秀的女生，其中一些年纪轻轻就开了公司，拥有自己的团队。也有一些女生，从遥远的山区来到北京打工，靠自己奋斗，渐渐打拼出一片天地。她们也有男朋友，有爱人，但她们还是活出了自己。

她们知道，人生的主动权应该牢牢地握在自己手里，自己要为自己的人生负责，自己才是自己生命的主体。

Part 7

只有改变，才能让人生拥有无限可能

生命珍贵，不要轻易放弃

自杀，是一个沉重的话题。当我们谈自杀时，那些已经付诸行动并且成功的自杀者永远也听不到了。能够成功地自杀，大概是世界上最悲情的“成功”。

说起自杀，我能想到很多人，但最让我揪心、最让我惋惜的就是在微博上公开自杀的“走饭”。

“走饭”是一名“90后”女大学生，于2012年3月17凌晨自杀。3月18日，她利用定时功能发出这样一条微博：“我有抑郁症，所以就去死一死，没什么重要的原因，大家不必在意我的离开。拜拜啦。”

随后，警方证实，她已经离开人世。

在她离世后，几乎每天都有人在她这条微博下面留言，有纪念她的，有表达惋惜之情的，更有许多跟她一样痛苦的人表示生无可恋。

两位18岁的史学天才的自杀，也引发了人们的痛惜和热议。他们为什么自杀？他们被抑郁症折磨得太痛苦了。

其中一位史学天才生前患有抑郁症，一直吃药控制，也接受了心理咨询，可惜这些都没能挽救他的生命。我们可以从他的遗书中看出他的孤独：“每次去老师家都能感受到平日很少能体会到的温馨和安稳感。我对不起老师夫妇对我的关爱。”

我们从遗书中可以看出，他一直活在孤独之中，平时很少体会到温暖，这跟他的家庭有很大关系。他在遗书中对他的父亲亦有抱怨：“希望我的父亲能知足，珍惜我的母亲，同时改掉自己家长制的脾气以及极差的饮食追求，认清自己实际的生活能力和状况。”

简言之，他生活在一个不幸福的家庭中，这也许是他抑郁症的诱因之一。

自杀的想法几乎人人都有过，但抑郁症患者的自杀冲动、自杀率要远远高于普通人。世界卫生组织统计显示，全球每年有80万人死于自杀，在这其中，40%的自杀死亡者患有抑郁症。据专家预测，到2020年，抑郁症将成为仅次于癌症的人类第二大杀手。

抑郁症是一种会影响一个人工作、生活、学习的情绪障碍。很多人患了抑郁症，可能自己根本不知道，加上身边的人也不懂，这导致抑郁症的就诊率很低。长此以往，抑郁症患者的症状越来越严重，最终会走向自杀。

社会的误解更加重了抑郁症患者的负担。不少患者认为，一旦被诊断为抑郁症，就会被扣上“精神病”的帽子，这导致有的人即使诊断出患有抑郁症，也不主动采取治疗措施，而是任由病情发展下去。

其实抑郁症就像心理感冒一样，患者不应该为此感到羞耻。对于没有经历过那种痛苦的正常人来说，他们是无法理解抑郁症患者的感受的。比如说，抑郁症患者会莫名其妙地哭泣，即便对于吃什么饭这样的小事情也会优柔寡断，他们还会因为他人的一句苛责伤心半天……这些，都是抑郁症患者的症状。

对抑郁症不了解的人，可能会对抑郁症患者表现出鄙夷：你吃饱了撑的吧？你这是闲的吧？你太脆弱了吧，这点事都受不了？你别瞎想就好了……

这就像对一个脚崴了的人说："你别想太多，站起来走路就好了。"（如果崴得轻也许可以自愈，严重的话还是要看医生的，抑郁症也是如此。）

我们不能因为一个人生了病，就把他看成无价值的（当然也无须同情）。如果能够理解，可以试着理解；如果理解不了，就请尽量放下偏见和伤害吧。

其实不只普通人会患有抑郁症，很多名人也备受抑郁症的折磨。在抑郁症面前，人人平等。

朱熠（作家）：我不想见人，不想接电话，不想与人说话，不想出门，这等简单的事情于我简直苦不堪言。我开始进入如深渊般的社交困境，我的手脚也如同长出了绳索把我彻底捆缚住了，我觉得人生无望了。后来我才知道，我已经进入了一种轻度的"抑郁木僵"状态。

张进（财新传媒员工）：每时每刻，我的大脑都像灌了铅，或者像被一个无形之手攥住，像生锈一样转不动，昏昏沉沉，思维缓慢，说话磕巴，胸口火烧火燎地难受，不想做任何事情，或者做任何事情都很犹豫畏缩；不想说话，不敢接熟人的电话，不看短信，或者看了短信也不回。当然我也不想见任何人。每天早上从一睁眼开始，我就不知道这一天怎么度过。我整天躺在床上，或呆坐着，或在房间里走来走去，就这样慢慢地耗着时间。

毛大庆（著名地产人）：我得了抑郁症后，电话声音都关了，我怕听到电话的声音，换了无数种音乐都不行，振动也不行。永远都是人家打给我，我不接，只能晚上人稍微安静的时候，看到几十个未接电话，选几个必须回的，打回去说“抱歉，我在开会”。我就是这样不愿意接电话，这习惯到现在还没有完全改掉。

安德鲁·所罗门（美国作家）：我还记得，那时我四肢僵硬地躺在床上哭泣，因为太害怕而无法起来洗澡，但同时，心里又知道洗澡其实没什么可害怕的。我在心里复述着一连串动作：起身然后把脚放到地上，站起来，走到浴室，打开浴室门，走到浴缸旁边，打开水龙头，站到水下，用肥皂抹身体，冲洗干净，站出来，擦干，走回床边。十二个步骤，对我来说就像经历艰险历程。

我用全身的力气坐起来，转身，把脚放到地上，但是之后觉得万念俱灰，害怕得又转过身躺回床上，但脚却还在地上。然后我又开始哭泣，不仅因为我没办法完成日常生活中最简单的事，而且还因为这样让我觉得自己愚蠢无比。

他们都是在各自领域很有建树的人，但当抑郁来临时，他们也会和普通患者一样无助。

对于名人来说，他们生病时，我们不会说他们是废物，更不会说他们毫无价值，可对于普通的抑郁症患者来说，当他们表现出这样的症状时，我们很有可能会对他们说出伤人的话语，甚至对他们进行全盘否定，这样的偏见会对他们造成二次伤害。

还有很多人会说抑郁症是有钱人才能得的病，是闲着没事干的人得的病，一般人忙死了，哪会得这么“高贵”的病，这也是很大的误解。数据显示，抑郁症患者人数最多的人群是收入偏低者，尤其是农村人群。

在我国，农村抑郁症的自杀率是城市的两倍。一些农民因为经济条件差，对抗风险能力弱，精神处于较大的压力下，所以抑郁症患病率高。再加上他们治疗水平非常低，导致恶性循环，会产生极为可怕的后果。所以，提高落后地区的经济水平，可以有效预防抑郁症、治疗抑郁症。

不过，在我们平时的理解中，似乎作家、文艺工作者更易患抑郁症。经常会有新闻报道：某官员因为抑郁症自杀，某老板因为抑郁症跳楼，某记者因为抑郁症跳楼……这是因为他们是名人，所以更容易受到媒体和舆论的关注。

我身边就发生过这样的事情。我四姨——我妈的亲姐姐，就因为抑郁症最后上吊自杀了。街坊邻居们只会说：“哎，她也太想不开了。”可没人知道那时她心里有多么绝望和痛苦。

四姨几年前患有糖尿病，子女不在身边，再加上与姨夫感情不和，所以有很严重的心理疾病。

四姨家的房子就在我们家前面。她离世前一个月，我在家里过暑假，有一天，突然听到四姨家传来大哭声和咒骂声，我们以为只是一场平常的吵架，就没有多留意。

次日，妈妈过去问询，才知道昨天四姨和姨夫吵架后冲动地要用绳子吊死自己。妈妈又心疼又担忧，就把四姨带到我们家，给她做饭，陪她说话。很快，四姨的情绪有所好转。

只可惜，妈妈不能时时陪在四姨身边，四姨最终还是以上吊结束了生命。这件事情对妈妈的打击非常大，她对我说：“不想活了，要喝药。”后来，幸亏妈妈找到了新的精神追求和支撑，终于不再提自杀的事。

抑郁症患病人数多，治疗难度大，而且患病原因很难确定，所以治愈率很低。再加上心理疾病需要长期系统的治疗，所花费时间与金钱太多，所以很多人治疗到一半就放弃了。

但这并不意味着抑郁症无法被治愈，事实上，抑郁症是可以被治愈的。比如，张进就通过药物治疗治愈了抑郁症，现在已经能够正常工作。毛大庆也通过跑步治愈了抑郁症，现在已经可以正常参加社会活动。

不管什么样的方法，只要能把抑郁症治好，总是令人开心的。有自杀冲动的抑郁症患者应该立刻去看医生，家人也要注意观察，及时带其去接受治疗，不要错过治疗时机。对于严重到想要自杀的抑郁症患者来说，能够活着就是一种胜利。

生命只有一次，所以不要轻易放弃。要给自己以生的机会，要知道医学技术在进步，心理学也在进步，总有一天，抑郁症可以被完全治愈。

我曾看过一部电影——《迷雾》，讲的就是人们对抗绝望、以求生存的故事。安宁的小镇突然被迷雾笼罩，人们被怪物袭击，躲在超市里不敢出去。迷雾久久不散，人性在绝望中备受考验。男主角无法承受这样的绝望，于是逃出了超市。最后，燃油耗尽，他选择了放弃，在亲手杀死自己的儿子后，准备举枪自杀。可当他举起枪时，却发现枪里没有了子弹。这时候，迷雾散去，光明重现。

其实抑郁症就像《迷雾》中的怪物一样袭击着人类，即使再恐惧，我们也要试着坚持下去。我们要相信，只要活着，总会等到战胜它的那一天。

别自卑，活出自己的光彩

我是一个很自卑的人，原因有很多：没有考上名牌大学，身材不够好，没钱，没有自控力，贪吃……

我发现不止我这样，很多朋友也存在这样的问题：年龄、身高、口音、长相、工作、肤色……任何一项都会让人自卑。

然而，实际上，他们都很优秀。我不明白他们为什么自卑，就如同别人不明白我为什么自卑一样。

人们到底在自卑什么？

举个最简单的例子，有很多人为自己的样貌而感到自卑，他们觉得自己长得丑，所以自卑。但事实上，从人们的审美观来看，没有绝对的美丑，因为每个时代的审美标准都不一样。极美和极丑的人都是少数，更多的人长相居中。

长相漂亮的人确实更受大家欢迎，这是毋庸置疑的。那其他人就都没有办法了吗？不。如果真觉得自己长得不够漂亮，可以通过多种方法来改变，比如说整容、化妆、打扮，这些都可以提升自我形象。

我是赞同整容的，只要医生的整容技术高超，整容后能让自己更美，完全可以试试。

但并不是人人都能整容，毕竟整容的费用不菲，对于整不起的人来说，我们可以采用精神胜利法。

马云长得不好看，在他的成长经历中，估计受过很多关于他容貌的嘲笑。但马云照样活得风生水起，随便一句话就能掀起“血雨腥风”。没有人说马云丑，有人甚至说马云的面相就是富贵相。所以说，容貌并不是决定人生成败的唯一因素。长得不美，可以跟别人拼智商。如果智商拼不过，那就拼毅力，总有一项我们能够拿得出手。其实有些自卑是完全没必要的。

有的女生会因为皮肤黑而自卑，其实这完全是自寻烦恼。美国总统奥巴马和脱口秀女王奥普拉肤色也黑啊，但是他们却能够在演讲时神采飞扬、光芒万丈。

有人会因为自己个子矮而自卑，韩国女明星宋慧乔个子也不是很高啊，可这并不妨碍她成为韩国的国民女神。

有的人会因身体残疾而自卑，但有那么多身体残疾的人并没有自怨自艾，相反，他们活出了生命最精彩的样子。

廖智是一名舞蹈老师，她在2008年5·12汶川地震中失去了双腿。但她并没有放弃舞蹈梦——她戴上假肢，继续跳舞。她戴着假肢跳的舞蹈《走向希望》打动了无数观众，人们因此称她为“无腿舞后”“烈火中的凤凰”。她还出了一本书——《感谢生命的美意》。

尼克·胡哲，天生没有四肢，但他骑马、敲鼓、游泳、踢足球，样样皆能。在他看来，没有做不成的事。他拥有两个大学学位，并于2005年获得“杰出澳大利亚青年奖”。他为人乐观幽默、坚毅不屈，热爱并鼓励身边的人。他的足迹遍布世界各地，他的演讲也激励了无数人，他已经是闻名全球的励志大师。

跟他们相比，我们大部分人都四肢健全。既然他们可以在那样极端的条件下依然做出伟大的成就，我们为什么不能活出自己的光彩呢?

请放下自卑，勇敢地去追求自己的梦想吧！相信自己，一定能活出自己的精彩！

放下过去，往前看

前几天，我和大学同学小恩又聊起了学历问题，她到现在仍觉得自己的学历太低，心里一直很难过。

我们就读的大学是一所普通院校，毕业证上的学历是专科。我那时梦想当记者，所以就自考了新闻学专业。小恩对化工专业学得很认真，再加上毕业实习又去了食品厂，所以就考了化工专业的本科。

但她还是觉得自己学历低，总是为此而懊恼。其实，我有时候想起来也会后悔，后悔自己当初为什么没有再努力一点儿，去考一个名牌大学。

我想，这是我们很多人的通病，总是为过去已经发生的事情不停地后悔，有时候甚至严重到影响现在的生活。

其实回过头来再想想，对过去的后悔实在无用。泰戈尔说过：“如果错过太阳时你流了泪，那么你也要错过群星了。”

朋友颜方就是这样。她和男友分手之后就一直咒骂男友，恨自己没有早认清男友的真面目，恨自己不够果断决绝，恨自己没有早点儿离开他：即使他对她不好，也还是一直委屈地待在他身边……

颜方一直没能完全放下这段感情，这件事一直是她心中的一根刺。她常常会想起过去，后悔自己的软弱和忍让。

这种后悔其实是不切实际的，因为无论再怎么后悔，我们也无法回到过去，无法改变过去那些已经发生了的事。

我们总是会在事情发生之后后悔，但世上没有后悔药，到现在为止，除了在影视剧作品中，我还没有看到过任何时光倒流的事。其实，就算我们能够回到过去，我们也无法改变过去的人生轨迹。

我们以为回到过去就能够掌控未来，但我们错了。犯错也是成长的一部分，是无法避免的，没有人会拥有完美的人生。

如果可以选择，谁不想要完美的人生？家境优渥、学业有成、感情顺利……这样的人有没有？肯定有。不过对我们这些普通人来说，生活更多是跌跌撞撞、磕磕绊绊，在泥泞中摔跤，在挫折中成长。

如果不停地为过去发生的事情后悔，我们就会陷入悔恨的泥潭中无法自拔，就会导致现在的时间也被浪费，我们就会在后悔、后悔、再后悔这样的恶性循环中走不出来。

如果真觉得学历是个遗憾，何不现在就去考一个呢？攒钱去读个硕士学位课程，学历问题不就解决了吗？学习是永无止境的，我们最该担心的是自己能力提升太慢，而不是学历太低。

那个诅咒前男友的女孩儿，你也应该学会和自己的过去说再见，不再苛责自己。在我看来，你已经做得很不错了。人在感情脆弱时很难做出果断的决定，犹豫不决是正常的，你要允许自己有那样的时刻。

放过以前的你吧，时间无法倒流，过去的那些事情已经无法改变，人生本来就是在一边失去、一边拥有中度过的。不放下过去，怎么能张开双臂拥抱新的生活？不肯释怀，怎么能心安理得地走上新的征程？再后悔，过去的也过去了，一直沉浸在对过去的悔恨中，最终换来的不过是新一轮的悔恨。

好好生活，珍惜当下，才是从过去的泥潭中走出来的最好方法。

只承担属于自己的责任

朋友秋秋最近心情不佳，常来跟我诉苦。她说最近工作项目进展不顺利，和男朋友的感情又出现裂痕，还被家人逼婚，惹得家里的老人不开心……这些都是因为她自己没有把事情处理好，都是她的错，她为此很自责。

思来想去，秋秋焦虑得吃不下饭睡不着觉，每天夜里失眠到两三点。她恨不得立刻拥有一种超能力，把这些问题都解决了，把“自己的错”改过来。

其实，这种观点背后是有个逻辑的：认为一切都是自己的错，本质上认为自己能够改变一切。如果最后事实上没有改变，那自然就是自己无能，是自己的错。

这样的认知其实是非常狭隘的，没有考虑到客观条件。

项目进展不顺利，可能和行业的大环境有关，可能和上司的决策有关，也可能是时机不对，这和团队的每一个成员都有关系，凭什么你会觉得一切都是你的错呢？

和男朋友感情出现问题，这是双方共同的责任。一段恋爱关系是需要双方共同维护的，不能把责任单方面地往自己身上揽，恋爱关系中的双方都需要对双方的感情负责。

被家人逼婚，家人难道就没有问题吗？他们有没有尊重过你的意见、考虑过你的感受呢？如果他们根本不关心你在外面生活得好不好，只是一个劲儿逼你结婚，把你当成一个传递基因的工具，那他们还算是你的家人吗？

我们不能把所有问题都压在自己身上，这样对自己不公平，对别人也不公平。有些事情的结果不是我们能决定的，除了主观条件之外，还有很多客观条件。

比如说，有两个小孩儿同时出生，但是一个出生在贫困山区，一个出生在富人区。两个小孩儿长大后在一次活动中相遇了。贫困山区的孩子骑着单车，正在为如何升职攒钱而苦恼；而富人区的孩子开着豪车，正在为下一笔资金投向哪儿而犹豫。

假如贫困山区的孩子因此责怪自己：我还在为生存发愁，我开不起豪车，搞不起投资，这一切都是我的错，是我无能，我懒惰……那他这样自责是不是太主观了？他是否考虑过两个人的成长环境？

其实，现实生活中有很多东西是历史原因造成的，跟我们自身关系不大。

曾经有一句网络流行语是这么说的："我奋斗了18年才能和你坐在一起喝咖啡。"这话乍一听，里面饱含着辛酸，但其实说这话的人应该为自己感到骄傲才是。

他无须自卑，更不必认为自己有错，因为这句话说明他的成长条件很差。但就算是这样，他也没有放弃，经过努力奋斗，最终获得了和别人一起喝咖啡的机会。

有些已经存在的事情其实是很难改变的，比如我们的基因结构、我们所成长于其中的阶层，还有我们的父母……对于这些不可改变的人和事物，我们要学会接受他（它）们的存在，我们应该在这个基础上再去做些改变自己的事情。

还有一种情况跟上述自责心理差不多：别人犯了错，却把错误都揽到自己身上。这种心理会让自己一直处在负面情绪之中，带着沉重的包袱生活。

朋友云怡是一名职场妈妈，她白天上班，晚上下班后还要回家看娃。虽然家里有保姆，可有些事情还是得她自己做，她每天都过得非常累。她的老公平时也上班，但是下班后回到家里从来不帮忙做家务，也从来不带孩子，每天就躺在沙发上玩儿手机、打游戏。她不止一次和老公沟通过这个问题，但她老公还是我行我素，该玩儿还是玩儿。

后来的事情就没法沟通了——她老公竟然爱上了别的女人，要和她离婚。她又气又恼，一个劲儿地埋怨自己，说都是因为自己把精力都放在了工作和孩子身上，对老公关心不够，才让别人有了可乘之机。

我曾经一度怀疑她是不是上过“女德班”，现在都21世纪了，怎么还会有这样的观念？作为一名职场女性，不仅要工作，还要看娃，她早已经忙得分身乏术了。她的丈夫不和她一起分担家庭责任也就罢了，竟然还要和她离婚！明明是她老公的错，她却把错误都揽到自己身上，真叫人又气又急。

一件事情是由很多原因导致的，我们要在划分责任的时候综合分析，看看自己到底要承担多少责任。该是自己的责任就是自己的，不是自己的也不要往自己身上揽，不要把过错都归咎到自己身上，那样做对自己和他人来说都是不公平的。

帮助别人也是一种自我治疗

尼克·胡哲在他的书《人生不设限》里讲过一个故事：他在柬埔寨时认识了一个小男孩儿。这个小男孩儿看起来几天没吃东西了，身边围着苍蝇，头上有伤口，一只眼睛好像要凸出来，身上散发出腐败的气味。

就是这个自己都快活不下去的小男孩儿，却对尼克·胡哲流露出深深的怜悯。他把头顶在尼克·胡哲的脸颊上，安抚着尼克·胡哲。尼克·胡哲被小男孩儿感动得眼泪直流，回到车里后也一直无法停止哭泣。

大家都知道尼克·胡哲是海豚人——出生的时候没有四肢。平常人轻轻松松就可以完成的事，对尼克·胡哲来说却是巨大的挑战。活着对他来说都已经特别艰难了，可他却又因为什么被这个小男孩儿打动了呢?

尼克·胡哲说："我不知道这孩子经历了些什么，也不知道他的生活有多艰苦，但我可以告诉你，他的态度让人惊奇。因为尽管他自己也面临许多问题，他依然有能力伸出手安慰别人。这种同理心与怜悯心是多么棒的天赋！"

我深受触动，因为这个小男孩儿也颠覆了我的观念。在我看来，一个缺吃少穿，随时处于饥饿和死亡边缘的小男孩儿本就是不折不扣的弱者，他的内心难道不是应该感到愤怒和绝望吗，不是应该对生活叫苦连天吗？

可是这个小男孩儿却如此与众不同，他居然还能够对他人表达同情、关心和爱意。虽然看起来他是弱者，可他的内心却如此强大。

和这个小男孩儿相比，我深感惭愧。大部分人痛苦时，眼里只有自己，觉得自己是世上最凄惨的人，我就是这样。我一旦感觉痛苦，内心就会被痛苦的情绪所笼罩，眼里只有自己，根本没有空间去关心别人。

很多抑郁症患者，也是因为把整个人生都局限在自己身上，看不到更广阔的世界，所以才很难走出困境。如果你也遭遇了这样的情况，不妨向那个小男孩儿学习，暂时停止对自己无休止的关注，关心一下别人。

就像电影《土拨鼠之日》中的男主角菲尔一样。当他发现自己被困在普苏塔尼小镇，每一天都是2月2日时，他也被痛苦和绝望所笼罩。但后来，他释然了，开始主动去帮助小镇上需要帮助的人。当他破除自我封闭意识，关心别人的时候，神奇的事情发生了，他受到了大家的喜爱，新的一天也来临了。

当你眼里只有自己的痛苦时，你的眼界是狭隘的，也很难走出无助的牢笼。可当你走出自己的小世界，去接触别人、帮助别人时，你会有不一样的感受——当你帮助别人消解痛苦时，你会重新感受到自己的价值。

我在网上认识了一个叫荷荷的年轻妈妈，她在生完孩子后就得了产后抑郁症。她家里人对她很好，老公也非常尽责，但是产后抑郁这个病具有偶然性，说不准就被谁碰上。

刚开始她也是经常哭诉，觉得自己从产后抑郁症中走不出来了，有时候甚至连孩子都不想管了，想离开家，一走了之。她也不想去看医生，想试试看自己能不能硬扛过去。

后来，她的情况越来越严重，我实在看不下去了，就跟她说让她试着把自己的心情写出来，抒发一下内心的烦闷。于是，她就开始在照顾孩子之余用文字写下自己的苦恼，并记录自己是如何来处理这些问题的。

她把文章发到网上后，很快就收到了来自其他孩子妈妈的回应，她们也将自己的困惑讲了出来。她这才知道，原来大家都有同样的困惑，都处在痛苦中。

荷荷为了更好地劝解那些在痛苦中的妈妈们，就开始自学心理学的认知疗法。她先在自己身上试验，觉得不错就把感受在网上发表。慢慢地，在分享的过程中，她居然从产后抑郁症中走了出来，而且还对心理学产生了浓厚的兴趣，于是下定决心以后要继续学习。

在帮助别人的过程中，荷荷不仅疗愈了自己，疗愈了别人，还学习了知识，可谓一举多得。

尼克・胡哲说："帮助别人，也是一种自我治疗。"

他自己就是这句话的践行者。虽然身体不完美，但他却能够对社会做出巨大贡献，激励无数人勇敢突破自己。

正在痛苦中的你，不妨试一试主动帮助别人，也许会有改变发生。

多赞美，别在伤口上撒盐

我有一个很特别的女性友人，她特别喜欢在别人发的信息或照片下面留言，但是说的都是风凉话，几乎没一句好听的。

比如别人转发了一篇读书类的文章，她就说：“读什么读，小心变成书呆子！”别人发了一组生活照片，有美景，有美食，本意上是为了表达幸福心情，但她却在下面留言：“难道你对生活就这点儿要求吗？这有什么值得开心的？”

还有的人在朋友圈里写自己得了抑郁症很痛苦，想寻求帮助，她就在下面刻薄地留言：“都是闲的，你太玻璃心了吧。”

她也曾对我说过风凉话。我曾经在朋友圈发过一组自拍照，她就在我的自拍照下面留言：“你的胸太小了，下巴不够尖，得整整。”气得我直接把她给拉黑了。难道你不懂别人发自拍就是想求点赞吗？为什么偏偏过来破坏别人的心情呢？

我还有一个熟人也特别喜欢讽刺人。

有一天，我穿了一身旗袍，她看见后不但没有夸赞我，反而讽刺我，说我的旗袍难看：“你会不会穿衣服啊？你看你衣服颜色跟你的肤色都不搭，显得好没品位啊……”

我看了看她穿的臃肿大花裙，毫不客气地回击说：“你先把自己衣服穿好了再来说我！你自己都不会打扮，有什么资格指责我呢？”其实，我不是讨厌她说的话，而是讨厌她那种居高临下的态度。

我们身边有很多这样喜欢说风凉话的人，他们就像苍蝇在我们耳边嗡嗡作响，我真恨不得拿个苍蝇拍把他们赶跑。他们都有一种共性：见不得别人好，总要找茬、挑刺儿，说出的话让你不舒服。

他们说的那些话其实称不上恶毒，但就是让人听了很不舒服，用“刻薄”来形容他们可谓格外贴切。

其实，我也研究过那些喜欢说别人风凉话、喜欢挑别人刺儿的人的心理，他们的内心可能比较灰暗。因为自己内心灰暗，过得不好，所以看见别人过得好就想捅一刀，看见别人过得不好更想踩一脚。这样的人，其实挺可悲的。

记得之前在网上经常看作家和菜头在公众号留言里“撕”那些“喷子”，刚开始我不理解，直到自己后来也有了亲身体验，才慢慢理解了他。人家辛辛苦苦写的文章，你不喜欢看就不要看嘛，为什么看了还要冲过去一通乱骂呢？

对我们大多数人来说，也许做不到舌灿莲花，但最起码我们要有个底线：不要当刻薄的人，不要总是挑别人的毛病。如果可以，请多赞美他人。

民间流传着一个关于苏轼和佛印的故事。一天，苏东坡对佛印说：“以大师慧眼看来，吾乃何物？”佛印说：“贫僧眼中，施主乃我佛如来金身。”

苏东坡听朋友说自己是佛，自然很高兴。可他见佛印身材胖，就打趣地对他说：“然以吾观之，大师乃牛屎一堆。”

佛印听苏东坡说自己是“牛屎一堆”，并未感到不快，只是说：“佛由心生，心中有佛，所见万物皆是佛；心中是牛屎，所见皆化为牛屎。”

这下可好，苏东坡“偷鸡不成反蚀把米”，吃了个哑巴亏。

佛印的话很有道理。一个内心光明的人，可能更愿意从美好光明的角度诠释这个世界，因而他也能看到更多光明之处。

这个世界是复杂的，世间万物有好有坏。如果我们总是盯着别人的缺陷，盯着别人不好的一面，去打击他们，不仅自己心里难受，也会影响自己的人际关系。

所以，如果我们不想别人刻薄地对待我们，那就不要刻薄地对待别人。那些老骂别人不好的人，其实真应该反思一下自己。

我时常告诫自己，要多赞美别人，发现别人身上的闪光点，所以我特别喜欢给别人点赞。他人展示美，我有幸欣赏到，自然要表达感激，这样他人开心，自己也开心，这是双赢。赞美他人并不需要太多技巧，喜欢什么就夸什么，只要你是真心的就行。

Part 8

先谋生再谋爱

谁说世上没有忘忧草?

《诗经》中记载有这样一个故事：古代有位妇人因思念远征的丈夫，遂在家居北堂栽种萱草，借以解愁忘忧。从此世人称萱草为“忘忧草”。

忘忧草能不能帮人忘记忧愁我们很难得知，但时间真的能。时间能够冲淡一个人心中的失落与忧伤，帮助人慢慢遗忘过去。

有很多人因为失恋而终日被悲伤折磨，以为自己离开另外一个人就活不下去了。可随着时间的流逝，人会渐渐淡忘过去，走向新生活。只不过，有的人忘得快，有的人忘得慢。

我的朋友娟娟就经历了这样的过程。刚和男朋友分手的时候，她一时接受不了这样的结果，整天都不说话，不吃不喝，也不哭不闹。我很担心她，就一直陪在她身边。

她常常从睡梦中惊醒，一副惊恐的表情。她告诉我，她感觉自己脑袋里有什么东西在嗡嗡作响，像一团火在烧一样，烧得她脑袋都快空了。

我非常心疼，可是却无法体会她的痛苦，我所能做的只有陪伴她。

第一天，她只喝了少量的水。

第二天，她勉强喝了一盒牛奶。

第三天，她喝了一点儿粥，但仍然面色苍白。

第四天，她终于能吃少许东西了，开始号啕大哭。

看到她大哭，我才略微有点儿放心：大哭意味着她开始慢慢从痛苦中走出来了。

心理学家库伯勒·罗斯说，被剥夺了依赖感的人，在直面现实之前，会经历五个情绪阶段：第一阶段，愤怒；第二阶段，否定现实；第三阶段，妥协；第四阶段，经过漫长的忧郁期；第五阶段，接受现实。

几乎所有人在失恋后都会经历娟娟这样的几个阶段。刚开始可能一时接受不了，但随着时间的流逝，往事在心中会越来越淡，到最后就会放下包袱，开启新生活。

回忆起娟娟当时的反应，我心有余悸。她说如果不是我陪在她身边，可能她真的会失去活下去的勇气。她在大哭的时候曾拉着我，说想吃一种能够让自己立刻失忆的药，因为她不想再继续痛苦下去。我毫无办法，只能等待她从痛苦中慢慢走出来。

也许以后世界上真的会有一种能瞬间消除痛苦的药，能够让我们忘掉痛苦，从过去走出来，但现在我们只能期冀时间带走痛苦。

人是有复原能力的，时间会帮我们治愈伤痛，所以当我们受到情感伤害时，不要过于绝望。

我们经常看到这样一些新闻报道，说某个女生失恋后心灰意冷，无法从失落的感情中走出来，就割腕、吃安眠药自杀……

每当看到这样的消息，我总是很痛心。如果这些女生接受过这方面的心理指导，能掌握一些心理复原方法，大概就不会这么极端地对待感情挫败，也就能够自己走出伤痛了。

我们总以为自己对感情的挫败无能为力，但其实并非如此。我记得我刚失恋那会儿也很难受，不想吃饭，不想睡觉，觉得天都塌了，自己这辈子都没办法从这段感情中走出来了。

但是，时间帮我淡忘了这一切。由于工作开始忙碌起来，我不得不打起精神去应对，根本没有时间去痛苦，渐渐就从失恋的伤痛中走了出来。

失恋的痛苦只是一时的，我们要明白，一切终将过去，时间会帮我们忘掉痛苦。但我们也不能坐以待毙，而要想办法转移自己的注意力，尽可能缩短忧郁期，不要为了已经失去的东西浪费精力。

心理学家克里斯托弗·彼得森曾说过，多数青年人会预言自己在失恋之后陷入数月甚至数年的萎靡不振期。但事实证明，伤心只会持续很短的时间，他们很快就能重新开始新生活。

所以，当我们遭遇情伤时，要对自己抱有希望，相信自己是有复原能力的，只不过这种复原能力需要学习和唤醒。既然这种能力需要学习，那我们就应该早做准备，不要等到挫败来临时再慌张应对。比如说，平时我们不要总是一个人孤独地生活，可以多交几个贴心的朋友，大家经常聚一聚，至少难过时还能有人依靠。

此外，我们还可以和亲人多沟通、多联系，以便在悲伤时也能寻求到家庭的支持，而不是只能一人吞咽忧伤。

我们还要留心自己的心情在什么样的状态和环境下是最好的，等下次悲伤时，我们就可以试着调整情绪，复原到更好的状态。

走出痛苦的方法有很多，但最终我们还是要借助时间去忘掉伤痛。

也许在未来的某一天，你偶然会想起过去，却发现自己再也想不起那个人的面孔，到那个时候，你会惊叹时间的神奇。也是在那个时候，你会发现，过去的伤痛不值一提，你已将过去的伤痛全部放下。

学习的最佳时机在何时？

经常有人问我写作方面的问题，我最常听到的是：“你看我年纪大了，现在学写作是不是为时已晚？”

不少人在学新东西时，都会有这样的担忧，我也有。

读大学时，我有段时间特别想学琴，就报了一个电子琴培训班，跟一群小孩子一起学起来。当时，班上还有一个成年男人，于是我们两个成年人就夹在一群孩子中间上课。可没过多久，那个男人就不来了，只剩下我一个成年人。

我很孤独，觉得自己是不是年龄大了，已经不适合学琴了。这种观念越来越强烈，最后我也和那个男人一样，没有继续去上课。

后来每每想起此事，我都有种隐隐的心痛：为何想学新东西，却总是担心是不是为时已晚，是不是跟别人格格不入呢？

我从小在农村长大，除了上学，没有接受过什么美学教育、艺术教育。所以当我来到城市，看到城里的孩子去上各种培训班，心里就特羡慕。而且我小的时候就算想学，家里也没钱，根本没有那么多的机会去学。

现在我是成年人了，经济能力允许我去学自己喜欢的东西了，但我仍然会纠结很久。我总是担心我已经错过了学习的最佳时间，担心学不会被人笑话，以至于在犹豫不决中白白错过很多机会。

我认识一些和我同龄、已经当了妈妈的女人，她们现在都觉得自己无论学什么都已经晚了，没用了，所以就什么都不学，把所有的希望寄托在自己孩子身上，逼着孩子上各种培训班。

我表姐就是这样。她的孩子才刚出生，她就给孩子预订了一堆课程，说等孩子大点儿就让孩子去学，还说这些都是她小时候想学却没条件学的，以后都让孩子学会了，不留遗憾。

我问她："那你呢？你怎么不学？既然这是你想学的，你可以抽空儿去学啊，为什么要把这个担子压在孩子身上？"

她说："我年纪大了，学不了了，还是让孩子学吧。"

我看着刚刚30岁的她，很是不解：为什么一个人当了妈妈，就自动把自己的人生定格了呢？30岁，不正是风华正茂、活力四射的年龄吗？而她说出的话，却像一个80岁的老人才会说的。

现在的社会很奇怪，很多二三十岁的年轻人，心理上已经接近暮年，自动放弃了成长。他们觉得自己现在学习已经晚了。反而是那些80岁的人还在认真求知，比如罗振宇在跨年演讲时提到的姜淑梅老太太。

1937年出生的姜淑梅，60岁开始认字，75岁开始写作。她已经出版了4部小说，拥有很多自称为"姜丝"的读者。除了写作，姜淑梅还学弹琴、学画画，每天坚持做仰卧起坐，真是个不一般的老太太。

和那些勤奋进取的老人比，我们是不是应该有所触动和反省呢？

我还想说一说我妈。她是一位农村女性，快60岁了，之前除了干农活儿、做饭，别的什么都不会。对于这些年新兴起来的各种技能，我其实很能理解她的无力感：她的人生可能就这样了，不会就不会呗，反正也不缺吃少穿。

有时候，我在心里也会拿她和别人的妈妈比较，觉得别人的妈妈都很厉害，只有自己的妈妈什么都不会，没什么拿得出手的特长。我们总说家长们喜欢拿自己的孩子和别人家的孩子比，其实孩子们也会拿自己的父母和别人的父母比。

别人的妈妈会开车，而我妈妈却只会骑自行车。她从小在山沟里长大，刚上初一就辍学了。后来她结婚生子，种地养娃，几乎没出过远门。

但我妈妈没有放弃，后来学会了骑电动车，经常一个人骑着电动车到处跑，有时候还骑几十公里路去县城。农村的路不好走，像我这样的年轻人骑起电动车来都不稳当，我妈却能来去自如，这让我佩服不已。

她还跟着姐妹们一起学习电子琴。虽然因为年龄大了，记忆力不好，学起来很艰难，但她还是坐在凳子上，笨拙又认真地练习。记得有一次回家，我看到表姐弹琴，我妈就坐在旁边学习，那一幕颇让我感动。

我妈也学会了用微信，虽然学了很长时间，但她还是从一点一滴学起，发语音、打字、开视频……慢慢地都学会了。现在她经常用微信跟我聊天，给我发她拍的照片，还时不时来个视频通话，看看我在干什么。

她的学习态度完全颠覆了我已有的认知！我想，以后无论她想做什么，我都会全力支持她，再不用“已经过时了”的言论来打击她。

随着年龄的增长，我们的体力会减弱，大脑的反应速度会减慢，学习新事物会很困难。但我们要知道，只要想学，就一定能学成。

不管学还是不学，我们最终都会老去。今天的你如果什么也不学，10年后只是一个老了10岁的人——只有年龄的增长，没有智慧的增长。而那些敢于突破限制的人，10年后虽然也老了10岁，但他学了自己想学的技能，增长了智慧。

我们还要知道：学习，什么时候开始都不算晚。只要想学习，想做事，你起心动念的那一刻就是最佳时机，就不算过时。

每种花都有自己的花期，就像迎春花在春天开放，而梅花在冬天开放。

所以，无所谓时机，也无所谓早晚，因为在未知面前，我们永远都是孩子。我们应该一生都保持好奇心，不断尝试。这样的生命，即便肉体垂垂老矣，却因为拥有一颗童心而拥有永远年轻、有趣的灵魂。

为自己挖掘强大的人际关系护城河

我一直是爱折腾的人，喜欢从一个城市跑到另一个城市并乐此不疲。前些天我回老家，在市里见到了我的好朋友丽娟。她和我恰恰相反，这些年一直在老家。

她人很聪明，工作又勤奋。在我在外漂泊的这些年里，她买了房子和车子，过上了女孩子们梦想中的小日子，自由、洒脱。

当我站在她位于市中心的高层公寓楼里，看着外面的风景时，忍不住赞叹她的生活："你活得真惬意。"可她的回答却出乎我的意料，她说她很孤独。我半晌无语，回过神来告诉她："我也觉得孤独。"

我一直信奉一条人生原则：尽可能少麻烦别人。所以一直以来我都是一个人。我不断提升自己独立处理事情的能力，尽量什么事都自己做。渐渐地，我好像不需要朋友了。再加上对婚姻的恐惧和平常看到的一些负面新闻，我甚至打算成为不婚主义者、丁克一族。这样的单身生活自由自在，不是很快乐吗？可实际上并非如此。

当我工作顺利、心情很好的时候，一个人确实很自由。可是，当我生病受挫、伤心难过时，一个人可就没那么开心了。

加拿大作家苏珊·平克在她的著作《村落效应》里说，很多美国人唯一信任的人就是自己的婚姻伴侣，数以百万计的美国人距离“无人可信”只有“一人之遥”。这似乎成了大都市人群的一种无奈现状。

比如说我，就是什么事情都想靠自己，对所有问题只想自己一个人硬扛。有一次，我要搬家，因为东西很多，有个朋友就说：“你哪天搬家告诉我，我帮你搬吧。”但我不想麻烦别人，想自己完成这件事，所以搬家的时候就没有叫他。

我记得很清楚，那天我自己一个人一趟一趟地搬，搬到第七趟，我实在扛不住了，几乎崩溃了。我不得不承认，在伤心无助的时候，我尤其需要朋友。

但现在的朋友也和以前的朋友不一样了。

前些年，智能手机还没有出现，网络也还没有如今这么发达时，我们在真实生活中的朋友还真不少。可是，当手机越来越智能，我们大部分的时间和精力都投入到了虚拟的空间，很少与朋友面对面交流了。

工作时，我们使用网络；吃饭时，我们不停刷手机；旅游时，我们不停刷手机；甚至连约会时，我们也要拿着手机刷一下……

我们整天活在网络里，离真实世界越来越远。我们的网络好友越来越多，能够多达几千人、上万人，可在现实生活中却找不到一个可以倾诉衷肠的知心朋友。

这种现象在一线城市很常见。一线城市有很多“空巢青年”，他们把大部分社交时间都花在了网络上，线下交流时间越来越少，所以在网上吐槽自己很孤独的人有很多。

但我们要清楚一点，网络上的朋友再多，那也只是虚拟空间的，而不是现实世界的朋友。朋友那么多，可真正能够带给我们温情与安慰的并没有几个。

因为朋友对我们很重要，所以我们要多和朋友交流，多和朋友在一起。朋友对于我们来说就像我们身处复杂世界时得到的一味良药，能够帮助我们重新找回生活的勇气。

我们要多和朋友在一起，因为孤独可能会伤害我们。有的人会说，一个人也可以很快乐，但关键是，这种快乐到底是真还是假？恐怕自己心里最清楚吧。渴望幸福的人总是会积极地、真诚地去寻找爱人，建立稳定的亲密关系，这样会让自己更加强大。

在没碰到难题之前，我也一直觉得一个人挺好，直到自己碰上了一些棘手的问题，我才明白朋友的重要性。

前段日子，我很绝望，整个人处在随时崩溃的边缘。远在郑州的朋友小恩听说了我的情况之后，打电话给我，让我去她那里住一段时间。

于是，我去了郑州。

我在郑州住的那段时间里，生活很简单。平时她上班，我就在家里做饭，吃完饭后两人一起出门散散步；周末的时候一起看电影、吃饭，去机场看飞机起降……

我和她在一起的那段时间很惬意，整个人的状态也开始慢慢变好，烦心事全忘掉了，内心的伤痛被温暖的友情治愈了。

和自己的朋友在一起，除了精神上的变化外，我们的生理也会发生变化。苏珊·平克在《村落效应》这本书中就揭示了其中的奥妙：

你的身体会分泌出更多的内生性鸦片——它就像我们身体自带的止痛药；同时，身体会减少一些肾上腺素、去甲肾上腺素和糖皮质激素等物质的分泌，这些物质对我们的身体是具有破坏性的。

所以，我们要常常和朋友联系，与朋友保持密切的关系。就算有了恋人，也不要“见色忘友”。

我经常会告诉那些谈了恋爱的女人，不要把所有的社交关系押注到一个人身上。我们要多交几个知心朋友，维护好社交关系，这样才能在和恋人关系破裂时，还有朋友守护，也更容易帮助我们从感情伤痛中复原。

2017年大火的电影《前任3：再见前任》中，男主角孟云的经历就告诉了我们朋友的重要性。

和林佳分手后，他一个人待在家里，到处打电话，希望找个人一起玩儿。但大家都很忙，所以很难找到。还好朋友余飞可以带着他一起玩儿，陪他一起渡过最伤心的时刻。如果连朋友都没有，孟云大概只能独自买醉了。

除了多交知心朋友，我们还可以加入自己喜欢的俱乐部、社群，多去参与真实的社交活动。这些真实的人际关系都会成为支持我们的力量。

积极心理学家克里斯托弗·彼得森说，如果用几个字来总结积极心理学，那就是“他人很重要”。

我们要爱他人，还要被他人爱，这是一个人与生俱来的本能需求。每个人都应该为自己建立起强大的人际关系护城河，因为良好的人际关系可以让我们更有能力防御危机。

当我想独处的时候，我就独处；当我心情沮丧、失落，需要朋友安慰时，我会去向朋友寻求支持。我会告诉他们：“我需要你们。”而当朋友需要我的时候，我也会出现在他们面前。

我们相互依赖，我们守护彼此。这，就是爱。

为什么非要等着别人来爱?

有一次，和新认识的几个朋友一起吃饭聊天，其中有个姑娘满腹委屈：“为什么你们总是有人陪，有人关心，而我却这么孤独，都没人爱我！”

我们都被她这么突然的一句话给惊住了，所有人的脸上都似乎挂着一个大写的问号。

她向我们解释了她这么说的原因。原来，因为她总是一个人待着，没有人关心她，也没有人和她说话，所以下班后，她经常窝在家里看电视剧，休息时也几乎全是在刷手机，很少参加社交活动，都快得抑郁症了。

她感觉自己是这个世界上最缺乏爱的人：生病没人问候，生日也没人记得，心情难过了只能抱着玩偶熊哭泣……听她这么一说，我们纷纷表示同情。

在我们还沉浸在对这个姑娘的同情中时，突然有个男生问了一句：“你说没有人关心你，那你平时关心过别人吗？”

姑娘愣住了，很不服气地回答：“都没有人爱我，我为什么要爱别人呢？”

男生继续追问：“为什么非要等着别人来爱你呢？你可以试试先去爱别人啊。”

姑娘一听愣住了。很显然，她从来没有想过这个问题。但她并没有生气，反而觉得那个男生说得有道理。

我听到过不少人说自己缺爱，但他们却不知道爱在哪里，也不知道该如何去寻找爱。

我刚来北京时，可能比这个姑娘更孤独，比她的抱怨更多。那个时候，我在北京没有认识的人，没有朋友、亲人，遇到难题不知道找谁求助，被欺骗了也只能自己一边哭一边想办法。记得那会儿，我怨天怨地，看什么都不顺眼。那时的我极度缺爱，一直在想：为什么没有人来爱我？

这是一个难解的问题。

我有个朋友有社交恐惧症，他怕与人交往，所以就经常一个人“宅”在家里，结果“宅”出了抑郁症。记得有一次他来见我，愁眉苦脸，上来就是一通抱怨。他说现在这个社会人情味淡薄，要是他饿死在家里，估计都不会有人知道。

我静静地听他说着内心的苦闷，听他诉说自己的孤独与哀怨，内心无比复杂。

对我们来说，爱就像氧气和水一样重要。在爱的滋养下，我们从嗷嗷待哺的婴儿逐渐长大成人。爱让我们更有安全感，让我们活得更有底气，对未来充满希望。

除了精神上的帮助外，爱对我们的身体也有好处。它可以让我们的身体分泌催产素，提高迷走神经的张力，让我们健康强壮。所以，不管是从生理上还是心理上来说，我们都需要爱来保驾护航。

既然爱这么重要，那为什么还会有那么多人觉得自己缺少爱？每个人的情况不同，所以原因也有很多。

也许是因为环境变动。我们刚到了一个陌生的地方，没有亲朋，要一个人面对生活的酸甜苦辣，又害怕被拒绝，所以干脆放弃交际。

也可能跟社会氛围有关。现在竞争太激烈，人们经常进行比较，生怕自己居于人后被鄙视，内心里自然是剑拔弩张。没有平和的心境，自然很难感受到爱。

还可能和我们的认知有关。在我们的潜意识里，我们总是习惯于在原地等别人来爱自己，不愿意主动去爱别人。

其实这种思维是错误的。我们从小学习各种技能（读书、写字、画画、弹琴），却从来没有学习过“爱”这项技能。实际上，爱是需要学习的。

弗洛姆曾说过：“爱不是我们与生俱来的一种本领，而是需要通过后天习得的能力。”

在日本的《屋顶表白大会》节目中，校长鼓励学生们进行爱的表白，看了让人特别感动。学生们踊跃表白，就算被拒绝也没有关系，至少没有遗憾。当然，也有人在表白后立刻收获了惊喜。

看看这些学生，他们多么勇敢。而我们大人呢，却因为害怕失败，可能憋了一辈子都没能将爱说出口。

在现实生活中，我们应该也见过不少这样的女生：她们总是害怕，总是等待，遇到自己喜欢的人也不敢表白。其实爱要大声说出来，该争取时就努力去争取。

据说冰心曾问过铁凝有没有男朋友，铁凝回答说还没找。

冰心就劝铁凝："你不要找，你要等。"

然后，铁凝在50岁的时候终于等到了她的如意郎君。

虽然铁凝的感情很圆满，但是我却不赞同冰心的观点。我的观点和冰心恰恰相反，爱不要等，要找。

人生苦短，及时去爱。既然人生都已经这么短暂了，我们为什么还要继续待在原地等待爱来找到我们呢？我们要主动去寻找爱，寻找幸福，这是比等待更积极的一种行为。如果你想找爱人，却一直在原地等待，极有可能等到生命的尽头，爱人都还没有出现。这样的等待，又有什么意义呢？

我们去找爱，就要先学会爱，先让自己成为一个内心有爱的人。这样再去爱别人，我们就会发现有源源不断的爱向自己涌过来。

我刚来北京时，也哀怨过一段时间，觉得这世界没人爱我。后来，我发现这样下去是不行的，所以我就打开了心扉，主动去爱，去结交朋友，对别人好，在不知不觉中收获了很多他人的爱。所以，不要在意谁先付出，要记住，我们的目的是体验爱、拥有爱。

可能有人会说："我害怕陌生人，不敢和他们说话，这样该怎么去找寻爱啊？"细想一下，我们现在的爱人、朋友，不都曾经是陌生人吗？一回生二回熟，只要打开心扉，多接触、多交流，自然而然就熟悉了。

如果你是一个内心没有温度的人，就要学会在交往的时候运用一些方法。通过这些方法，你可以感受到更多的爱。这是心理学家芭芭拉·弗雷德里克森在她的书《爱的方法》中给出的贴心建议。

每天进行"三个爱意联结"练习：随着每天的日升月落，试着找到至少三个与他人心意相通的机会，要心怀暖意、敬意和善意。

慈爱冥想练习：想象温柔待你的人和物，可以是子女、配偶，甚至是宠物。当某个人微笑的脸庞浮现在你的脑海里，你想到这一场景时，通过最轻柔的方式，去触碰有关这个人的美好回忆。

同理心练习：全身心投入地去感知某个人的痛苦，而不是仅凭眼睛观察或头脑思考。看看你是否能对这个人正忍受的痛苦感同身受。

爱，是要主动去追求的，是要付出努力才会获得的。我们不能一直在原地等待，而要自己去找寻爱，去争取爱。

爱，就要大声说出来！

感情中，别把任何人都当成你的唯一

作家木心写过一首广为流传的诗歌——《从前慢》，里面有这么几句：

从前的日色变得慢

车，马，邮件都慢

一生只够爱一个人

木心先生的这几句诗透着深沉的浪漫，仔细读一读，意境十分美妙。但是我最近却发现有人把这首诗里的观点当成了自己的枷锁。

我认识的一个姑娘失恋了，原因是她男友和她的密友走到了一起。她大概有两三年的时间都沉溺在这段破碎的恋情中无法自拔，天天在朋友圈中发出这样的话：

我的一生，只够爱你一个人

我的生命里，你就是唯一

如果没有你，我的天空就失去了所有的颜色

…… ……

这个姑娘的爱情观很明显：唯一的爱情没有了，生活便没了趣味。在我的印象里，很多女孩子的爱情观好像都是这样，一旦爱了就很难放下，会用尽自己的全部力气去爱一个人。

这样的爱情虽然很让人感动，但这种爱情观会让自己受伤，在感情里很被动。要知道，你还在为这段感情悲痛时，人家那边早就去追求新生活了。

记得小时候我常听外婆讲王宝钏和薛平贵的故事，至今印象深刻。王宝钏为了爱情，在寒窑苦等薛平贵18年，最后终于等到了薛平贵回家。

当然，这种事情发生在封建社会一点儿都不稀奇，因为那时候女性地位低下，社会文化给女性的角色设定就是“忠贞不二”“从一而终”。但令人遗憾的是，这种封建遗毒，至今还没有消除，还在影响着当代女性的感情观。

有的女性，男友明明都变成了前任，跟别人在一起了，可她还在那里独自哀伤幽怨，还在傻傻等待。就算把对方当成唯一，也得对方配合你啊。人生如戏，没有人陪你演，戏怎么唱得下去？世界那么大，有趣的灵魂那么多，何必画地为牢？

前几天，我去陶然亭公园，偶然看到了高君宇和石评梅的墓地，心中百般感慨。

高君宇的墓碑上刻着石评梅的深情表白：“君宇，我无力挽住你迅忽如彗星之生命，我只有把剩下的泪流到你坟头，直到我不能来看你的时候。”

据说，在高君宇离世后，石评梅一直沉浸在自责中，责怪自己没有早接受高君宇的感情。她每周都会去高君宇的坟上哭祭，有时候一待就是一整天。她后来整理了高君宇的所有文字和书信，编成了《墓畔哀歌》，用这种方式表达对爱人的思念。

1928年，高君宇离世3年后，年仅26岁的石评梅也离开了人世。她的离开，和伤心过度有很大的关系。

我在想，如果石评梅换一种方式思念高君宇，不把高君宇当成唯一，去尝试着接受新的感情，她是不是就不会那么早离开人世？

世界上有很多这样感人的爱情故事，但斯人已逝，我更希望活着的人能够珍爱自己的生命，从逝去的爱情中走出来，而不是一直沉溺于悲伤。

我们经常会在报纸、电视上看到不少单亲妈妈的故事，她们拒绝接受新的感情，独自一人把孩子养大。这些女性确实很伟大，但她们虽然是母亲，可也还是女人啊，为什么不鼓励她们去寻找新的感情呢？

女人本应该活得光彩夺目，她们的人生也不应该只有一个身份。

我特别欣赏电影《泰坦尼克》里杰克对露丝说的话：

听我说，露丝。你会安然脱险的。你要活下去，生很多孩子，看着他们长大成人。你会安享晚年，终老在温暖的床榻上。不是在这里，不是今晚，不是像这样。你懂吗?

这才是真正深沉的爱啊：不让活着的爱人为自己痛苦，而是让他（她）珍爱生命，好好活着。

Part 9

心有所向，活成自己喜欢的模样

世上无难事，要战就战

我们在遇到难以解决的问题时，总会感叹：这件事情太难了，我办不到，我想要放弃……

我也经常遇到令人头疼的事情，每次碰到了就总想着逃避。可人生中的难题不会因为你逃避就自动消失。难题就在那儿，等着你去解决。你要是不解决，它总是在那里，越积累越多。

我经常问自己：这件事难吗？我真的尽全力去试了吗？我真的想做成这件事情吗？当我专门抽出时间，专心致志地啃一块硬骨头时，我发现，难题其实并不难，只是我把它想得太难了。

所以，对于人生的难题，我选择迎难而上。我可以暂时逃避一下，但总体的态度还是要积极向上：要战便战，绝不轻易服输。

每次在碰到难题想要退缩时，我们需要问问自己：你是否有非常强烈的意愿去完成这件事？

说实话，大多数人在生活中都是得过且过，只有少数人有着非常明确的目标和强烈的意愿。所以，那些在世俗观点看来非常成功的人，他们的成功并不是偶然的，至少在做事的意愿上，他们要比普通人强烈很多倍。

我想起来最近在看的电视剧——《天空之城》，里面有一位辅导老师叫金珠英。她挑选学生的标准非常严格：学生必须有强烈的求胜欲，必须考第一。求胜欲望不够强的学生，给她钱她也不会辅导。

她的学生姜艺瑞就是一个很典型的案例。小时候，姜艺瑞和父亲下五子棋输了，为了赢父亲，她不吃不喝奋斗3天，最后让她父亲佩服得五体投地。但是，一个人不能太看重胜负，否则容易陷入极端，也会失去其他东西。比如姜艺瑞，她觉得除了第一，其他的名次对她来说都没价值。

剧中的金珠英老师为了让学生朴英才考上医科大学，不惜把朴英才心中最阴暗的一面激发出来，但这样做的结果是非常惨痛的。最终，朴英才的母亲自杀身亡，而朴英才也几近疯癫，没有去大学报到。

金珠英的故事告诉了我们一个很深刻的道理：如果你追求的“赢”可能会违反法律、伤害他人，那就得重新调整。

我们经常会遇见一些超出自己能力范围的难题，这就需要我们在挑战过程中对目标进行拆分。我们要明白，一步登天或者一夜成名是不可能的。

其实，我们可以试着换种思路解决问题，把有难度的事情或太高的目标拆分成很多个流程或目标，这样我们就可以一个一个解决，从容应对每个流程或目标。因为比起一下子完成，这样的拆分可以让我们在解决难题时遇到的阻力减弱。

每个写过论文的人应该都有过这种经历：一口气写完你觉得自己会累死，但是分很多天写完，你就会觉得没那么困难，反倒会觉得很有意思。

但我们要注意的是，由于每个人的情况不同，拆分目标时我们不能盲目和别人比较，拿别人的标准来要求自己。以我自己的写作经验，如果你现在让我自由写作500字，我一会儿就能给你写好，但是换到刚开始写作的人可能就比较困难了。

我会大致把写作分解为三个步骤，即写作、检查、交稿。但对于一个从来没有进行过写作训练的人来说，他可能需要拆分成好多步骤：想了老半天写什么，列提纲纠结一会儿，鼓起勇气写第一个字，写了又删掉，鼓起勇气写第一句话……

很显然，同样一件事，对不同的人来说，难度都是不一样的。所以，我们不能盲目去比较，而要按照自己的实际情况对目标进行拆分，一点一点处理。

目标拆分完成后，就要应对挑战了。但新的问题又来了——步骤无法按计划进行，这个时候就需要我们灵活处理。我们要学会灵活一点儿，如果完不成，那就后退一步。

就拿健身来说，很多人给自己定了健身的目标，但如果有一天突发状况，去不了健身房，这一天就干脆不运动了，这是一种全或无的思维。

我冬天懒得去健身房，因为外面太冷了，出门去健身还不如老老实实地躺在被窝里。每当这时，我就强迫自己行动起来，在家里铺个瑜伽垫，在垫子上做点儿HIIT(高强度间歇训练法)运动。有时候连瑜伽垫都懒得铺，那我就干脆躺在床上，简单做些仰卧起坐或者抬腿等运动。

所以，我们可以灵活地处理自己的问题。比如，你今天要读书，如果连定下的目标的一半都没完成，那就后退一步，先读10页，甚至可以先读1页。

情绪问题也需要面对——我们可以参照应对挑战时的策略。很多时候，我们对问题的完成度取决于情绪的好坏：在心情好的时候，可能事情很容易就能完成；但如果赶上心情不好，问题的困难程度就会放大很多倍，有时甚至觉得从床上爬起来去解决问题都无比困难。

这个时候，我们就要学会把事情放一边，先把情绪调节好。我们可以试着听听音乐，或者约朋友一起吃饭，要么出去运动一下……这样，我们的心情马上就会有所改变。

我们还可以先做点儿事情，让自己找到些许成就感，这样也能让我们的情绪变得好起来，之后处理问题就会变得十分自信。

当你心情振奋时，是不是感觉自己可以轻松登上珠峰呢？这时再去解决问题，就可以一鼓作气，顺利达到目标。

所以，我们不要惧怕困难，俗话说得好："办法总比困难多。"我们总能找到很多办法，通过各种方式应对困难。

你可以是自己的主人

如果世上有一种药，可以让你增加勇气，不惧怕任何困难，你会吃吗？我想，不同的人选择可能不同，也许你本来就是个勇敢的人，用不着吃这种药，所以对这种药根本不感兴趣。但是有些人肯定会需要。

很多人都有恐惧症，而且恐惧的东西五花八门。比如社交恐惧——不敢出门见人；恐高——站在稍微高一点儿的地方就要晕倒；恐飞机——一上飞机就发抖；恐电梯——只能走楼梯，不敢坐电梯……

虽然让人感到恐惧的东西这么多，但人在社会中生存，总要出去和别人打交道，你不可能因为恐惧就永远只待在自己的小房间里。当恐惧严重到一定程度，影响你的日常生活，你会苦不堪言。

达伦·布朗是一位英国魔术师，有一天，他突发奇想，想要测试一下“安慰剂”对人克服恐惧的作用，于是就在一档节目里声称有个叫西塞罗的医药公司研发出了一种神奇的新药，这种药曾在美国军队中测试，结果显示，它可以让士兵在战争中消除恐惧。

一些备受恐惧症折磨的人听说了这个消息，非常激动，立刻通过节目组联系到了达伦·布朗，要到了这种“药”，他们还不知道自己已经被当成了被试。这些人服用了“药物”后，达伦·布朗也开始了对“药物”效果的追踪。

达伦·布朗选取了几个有代表性的被试进行效果追踪。他们分别是尼克、丹和凯特。他们三个人均有不同类型的恐惧症。

尼克有严重的社交焦虑症，以前他和朋友在一起时，因为朋友被打，他没敢上前去帮忙，被吓到逃跑了，所以留下了心理阴影，至今不敢见陌生人。因为没法跟别人交谈，他的生活受到了很大的影响。

丹有恐高症，不同于一般人的恐高，他对高度的畏惧已经严重影响到了他的正常生活。他连一座小桥都不敢过去，每次到了桥边就会吓僵，所以出行受到了很大的影响。他也知道说出去可能有很多人不相信，但这是事实，他就是迈不过去，就是害怕。

凯特是被试中唯一的女性。作为一名文艺工作者，她本应该在舞台上大放异彩，可她却因为不敢在众人面前唱歌，事业受到了极大的阻碍。试镜时因为恐惧，她吓得连一句歌词都唱不出来。

达伦·布朗对他们进行了持续追踪，他想弄明白恐惧产生的原因是什么。

用“药”之后，尼克变得勇敢了。他能够从容应对别人的找茬，在酒吧里碰到有人打架，他也能勇敢地上前劝架。

在服“药”之后，丹对高度没有那么畏惧了，他已经能够独自过桥，要知道这可是他之前一直无法克服的难题。

对于凯特而言，这个“药”似乎没有像对前两位被试那样效果显著，她还是不敢在众人面前表演。

这个“药”真的可以帮助人克服恐惧吗?

实际上，所谓的医药公司是达伦·布朗找的表演场地，只是经过布置，看起来像一个专业的医药公司而已。而所谓的医药研发人员，其实也只是一帮演员。这种药物根本不是什么神药，它的主要成分是糖，相比于药，它更像是“安慰剂”。

为何安慰剂对有的人有效，对有的人却无效呢？达伦·布朗告诉了我们答案：只有非常想要改变，安慰剂才有效。

最后，达伦·布朗将真相公之于众。他告诉人们：“这些改变都是你们自己的功劳，那所谓的药物只是糖而已。它之所以起作用，是因为你们完全相信这个药物是真的，其实这个‘药物’没什么作用，只是一种‘安慰剂’，真正起作用的，是你们自己。”

这些人在得知真相后，非常激动。可能他们从来没想到，他们可以仅仅依靠自己的力量就能够战胜恐惧。

人都是有惰性的，所以当我们陷入困境、遭遇痛苦、丧失勇气时，我们总会渴望从外界获得力量，渴望被拯救，因为我们不相信单单依靠自己的力量就可以从困境中走出来。

人们总有一种观点：女人干得好不如嫁得好。但我却不这么认为，在我看来，这是对女性存在价值的无视，是对女性能力的否定。所以每次我一听到谁劝我“找个人嫁了，女人还是得依靠男人”时，我就不开心。生而为人，为什么我们不能依靠自己呢？

人生最让人着迷的事情就是自我成长、自我突破。所以，我想成长为一棵参天大树，为自己遮风挡雨。

为什么会出现上面说的这种观点呢？说到底，还是社会没有看到女性的能力。那我们应该如何挖掘自己的力量呢？

首先，我认为最重要的一点就是克服恐惧。我们在尝试一件从来没有做过的事情时，总是喜欢先入为主，自己吓自己。事情可能本来没那么困难，但在行动之前，我们被自己大脑里的念头吓住了，于是主动放弃行动。在这方面，我深有体会。

我一直很想滑雪，但每次脑海里出现这种想法时，我总是会想：算了吧，万一摔倒了怎么办？一定会很疼。后来，经过激烈的思想斗争后，我还是决定去滑雪场体验一下。等我穿上装备，果不其然，一上来就摔了个大马趴，不过根本没我想象中那么疼。

摔了几次后，我想学点儿滑雪技巧，就请了个教练。教练带我练习时，只是指导一下，偶尔才扶我一把，大部分时间都是我自己一个人在滑。也就是说，实际上我自己可以做到，只是内心的恐惧让我以为自己做不到。

真正令我们恐惧的不是事情本身，而是我们的想象。如果我们想对抗这种恐惧，可以先从最容易的步骤开始。我们是自己的神，所以当我们创造自己的人生时，也要一步一步来建立信心。

每个生命都有自己的轨迹

我们往往喜欢和别人比较，而为了显得自己比较上进，比较的对象常常要比我们优秀很多。但最后比较的结果往往是不尽如人意的，相比于别人的成就来说，我们会发现自己的那点儿小成就根本算不了什么，于是，我们就会陷入自我否定的怪圈。

我也是一个喜欢比较的人。看别人穿新衣服展示魔鬼身材，我会在心里骂自己：看看你那死样子，人家多美，你怎么这么土？

看到一个朋友晒出的环游世界的照片，我也骂自己：你怎么混的啊？人家都出国了，你还不知道地球往哪儿转呢？

看别人写出“10万+”阅读量的文章，我也不忘鄙视自己：你写的都是什么，你看看人家写的，你还好意思继续吗？丢不丢人？

我们每个人都有两种思维模式，一种是积极的，另一种是消极的。从小我们被告知：“虚心使人进步，骄傲使人落后。”但实际上，骄傲的人并不多，反倒是自卑的人不少。

我认识一个女孩儿，高中毕业就出来打工了。有一天，她说她想学英语，于是就买了英语教材，还报了班，开始每天背单词、练口语。刚开始，她学得还挺起劲的，后来有一次在地铁上，她看见一个中国人在和老外说话，可她完全听不懂人家在说什么，就很沮丧，觉得自己就算学了英语也没有用，于是干脆放弃了。

其实，这是一种错误的思维方式，因为这种比较不是建立在同等条件之下的。她只是听到人家英语说得那么流利，却没有看到人家背后付出的努力，说不定是苦练多年才有了现在的水平，又或者人家从小在国外长大，成长在英语环境，所以才会把英语说得和母语一样熟练。

印度哲学家克里希那穆提将比较视为一种暴力，因为人们对权力、地位和财富等的比较可能会持续终生。

我曾看过一则新闻报道，讲的就是因为比较而引发的悲剧。有个小男生，因为父母经常拿他和班里一个成绩比较好的同学比较，每次考完试他都会挨骂。他很生气，一天，他上学时偷偷揣了一把小刀，把那个成绩好的同学给杀了。

这样的悲剧，还不是个例。

这也是一种非常错误的教育方式。每个孩子都是独一无二的，都有自己身上的闪光点。家长们眼里只有成绩，看不到孩子的独特价值，只用外在的东西来评判孩子，把孩子工具化，这对孩子来说是一种伤害。当孩子感觉不到自己的价值时，就会毁灭自己，毁灭他人。

我们总是会和别人进行比较，最后，比较的结果往往都是自己不如别人。我们真的不如别人吗？其实不见得。用别人的优势和自己的劣势比较，那我们当然不如别人，最后，比较的结果也不会让我们振奋起来，只会让我们更加沮丧。

这种比较其实也是一种暴力，会在无形当中对我们造成伤害。

每个人都是这世间独特的个体，是世间的唯一，都有自己的人生轨迹，我们要按照自己的轨迹来运行。就如同我们所在的地球，虽然在宇宙中，它不是最大最闪亮的，可它是目前人类已知的唯一存在高等动物的星球。

我们需要发现自己的独特价值。那么问题来了，我们该如何确认自己具有独特的存在价值呢？

我们可以通过记录来找到自己的价值。比如可以多记录自己取得的进步，哪怕进步再小，也要记录下来。每天学了什么新东西，做了什么运动，认识了哪些新朋友，看了什么新书……这些都可以记录下来，因为这是对自己的认可和自己所取得成绩的证明。

有人会说："我还是忍不住拿自己跟别人比较，怎么办？我就是很难接受自己，怎么办？"

心理学家阿尔伯特·埃利斯给我们提供了一种解决方法——"无条件接纳自我"。这种方法就是教我们从存在主义的角度看待自己。虽然我们很想得到别人的认可，但如果没有得到别人的认可，也不能因此而否定自己，因为我们的价值并不是由他人的认可来决定的。

每个人都是独一无二的，每个人的存在价值都取决于自己的选择。

我们要从整体上进行评价，而不要对具体的行为进行评价。我们做了一件好事，但这不能代表我们就是好人，只是这个行为是好的。同样的，如果我们做了错事，也不能代表我们就是坏人，只是这个行为是不好的。就算我们比不过别人，也只是某个方面比不过而已，不代表我们整个人不行。

“无条件接纳自我法”会让我们对自己有更客观的评价，也不会让我们的情绪轻易地受外界影响。

所以，下次再看到别人优秀的地方，肯定别人的同时不要否定自己，而要说：“你很优秀，不过我也在进步。也许过程会很缓慢，但至少我是一步一个脚印地前行。”每个生命都有自己的成长轨迹，每个人都是独一无二的，谁都无法替代。

有一样东西你永远没办法和别人比较

其实我们都有这种感受：每次跟别人比较完之后，心里就控制不住地难受，因为每次比较的结果通常都会让我们怀疑自己。

下面这些体会几乎人人都有过。

身材好的人还特别会穿衣搭配。看看自己，又胖又丑，还不会打扮，和别人站在一起，简直一个天上、一个地下，真想找个地缝钻进去。

有的人年纪轻轻就有房有车，再对比一下自己，偶尔在外面吃一顿大餐都要考虑很久。

自己每次在决定做什么事情之前总是拖拖拉拉、犹豫不决，而别人总能坚决果断，决定了做什么事情就立刻行动，毫不拖延。

…… ……

每次和别人比较的时候，我总会有这样一种感觉：别人都过得很好，而我总是过得浑浑噩噩。在这样的比较下生活，我总是会有恐惧和焦虑的感觉，担心自己会失败，会堕落，会活成所有人中最差的那一个。比较来比较去，我始终没法专心做当下的事情，我的正常生活也受到了影响。有时我会想：这样的生活，何时才是尽头啊？

这让我想起来我小时候。我从小就比较好强，总想着争第一，哪怕是跟别人一起玩儿游戏，我也不甘落后。印象最深刻的是有一次去爬山，因为不想落在后面，所以我一路都爬得飞快。

虽然最后我第一个爬到了山顶，但我却没有体会到快乐，因为在爬山的过程中我只想着快一点儿、再快一点儿，所以根本没有心思欣赏沿途的风景，过后想来实在是得不偿失。

其实，我也问过自己：追求第一才是人生的意义所在吗？超越别人才是人生的意义所在吗？如果一个人功成名就、腰缠万贯，站在了金字塔的顶端，他的人生就一定会有意义吗？其实不然。在外人看来，他非常成功，可他自己的内心却未必能感受到幸福与快乐。

在我看来，真正的幸福，应该是建立在抛去身外之物的基础上的，因为只有这样的幸福才是内心想得到的。可就是这样简简单单的幸福，大多数人都得不到。

我曾经看过一本写终南山隐士的书，里面记录了一些居住在终南山的隐士的日常生活。他们住在山洞里，吃野菜饼，睡石板床，生活非常清苦。更令我吃惊的是，有的人竟然为了过这种生活，不惜放弃自己的高管职位和巨额财富。在我看来，这样的清苦生活有什么意思？多无聊啊！

可有的人就喜欢过这样的生活。在他们看来，金钱、名利等不过是外人用来衡量价值的标准，对自己没有丝毫用处，根本不重要；自己活得开心，遵从自我的意志生活，内心自由，这些才是最重要的。单从这方面来说，我自愧不如，不禁对他们心生敬意。

美国女教育家玛瓦·柯林斯也是一位这样的人。在她的教育下，芝加哥市里那些从小就吸毒犯罪的孩子奇迹般地成长为快乐自信的孩子，有的人后来甚至还读了大学。

她独特的教育理念引起世界各地教育家的关注，美国前总统里根和布什都曾邀请她去当教育部部长，但她都婉拒了。相比于做官，她更喜欢当老师，喜欢在课堂上创造奇迹的感觉，这令她特别有成就感。

有人可能会说："我就是要追求物质，有了更多物质，我才会幸福。"但是这样的观念，真的能让我们获得幸福吗？这里的"更多"有标准可以参照吗？

举例来说，你自己本来有一个目标：赚二十万，赚到的话就可以活得很快乐。但如果你非要和别人比物质多寡的话，就会陷入无限的比较中。超过张三，前面还有李四，在物质多寡这条路上是永远没有尽头的，除非成为世界首富。如果你要一直跟别人比来比去，那你就永远无法停下来感受生活的乐趣。

物质虽然重要，但毕竟是身外之物，内心的幸福感受更重要。我们常常会很迷茫，不知道该如何选择物质和幸福，心理学家泰勒·本·哈沙尔给出了建议：幸福第一，物质第二。

我们拼命追逐物质的最终目的是什么？难道不是为了让自己、让家人过得幸福快乐吗？难道不是为了更好地体验人生乐趣吗？

有的人赚钱不少，却连给自己的爱人买件衣服都舍不得，这样的人，不过是金钱的奴隶罢了。我们应该换一种观念：不管现在拥有多少物质，我们都要用心体会生活的乐趣。一个人是否活得快乐，内心的感受是痛苦还是欢乐，只能靠自己来判定。这是一种主观的感受，是无法用外在事物与他人进行比较的。

希望我们可以停止对外在条件的追逐，回归自己的内心，体验生活真正的幸福。

我们配得上世间的美好

从小到大，我们一直被父母念叨：“家长赚钱不容易啊，你们要好好学习，不要辜负了我们的信任。”小时候家里穷，父母都种地，确实很辛苦，这些其实不用他们说我也都知道。

我其实挺节俭的。在花钱方面，除了学杂费，我几乎从来不会向家里要零花钱。记得有一年寒假，我妈给了我五块钱，让我跟着亲戚去镇上赶集。五块钱对于当时的我来说是一笔巨款。我把钱紧紧地揣在兜里，生怕弄丢了。

到了集市上，琳琅满目的商品让我眼花缭乱。我在集市上逛来逛去，一直逛到中午饭点也没舍得花钱，最后只买了一张日历年画，花了五毛钱。回家后，我把日历交给我妈，对她说：“我饿得很，还有没有饭吃？”

我妈听了非常心疼，赶紧给我做饭吃，还问我为什么不在街上买点儿吃的。我说：“咱家赚钱不容易，我要省着花。”我妈很难受，说：“再怎么着也不要饿肚子啊！”

很多农村的孩子，从小目睹家长的辛苦，确实很早就懂事了。

他们懂得体谅家长，懂得节俭。可这种懂事，也影响了他们的成长。

我从小就懂得体谅父母，生活很节俭，这也导致我长大后，即使赚了钱，也总觉得自己应该用廉价的东西。我心里一直觉得自己配不上美好的东西，于是一直贬低自己，认为自己不值得拥有更好的物质、工作和感情，有时候甚至会认为自己的存在是一种累赘，给世界带来了负担。用心理学家的话来说，这是匮乏感强烈的表现。

曾经，有一个很优秀的男生向我告白，我表面上故作淡定，内心里其实在想：你瞎了眼吧，居然会喜欢上我？

记得刚参加工作的时候，有一年，我在工厂上班，其实那个时候已经能够赚钱买新衣服了，可我还是整天穿着我的那些旧衣服。不是因为买不起，而是因为穿新衣服让我不舒坦。在我的心里，我就只配穿旧的。

之前看过一篇文章，说女人应该多买衣服和包包。我不认同这个观点，就在下面留言："我都是包用破了再去买新的，不能浪费。"

没想到博主竟然回复我了，还带了一个鄙视的表情。她说："女人买新衣服和包包，不是等到你用破了再买，是为了美丽。"

这些道理其实我都懂，但是从小到大，节俭的观念已经刻到了我的骨子里，时刻盘踞在我心头。平时买个稍微贵点儿的东西，我都觉得好像是一种犯罪。

其实我在为人处世上是很大方的，日常生活中，我常请朋友吃饭，毫不吝啬。可对自己，我却一直很抠门。有一次，在上班时，我看到大家都在买曲奇饼干，我也想吃，可又觉得它太贵了，所以没舍得买。我一直想着曲奇饼干，后来，同事实在看不下去了，就把他的那份送给了我。

有人说，世上有两件事无法隐藏，这两件事就是爱和贫穷。贫穷也分为两类——物质的贫穷和精神的贫穷。

因为从小到大节俭惯了，所以参加工作后，我还是会无意间流露出内心的窘迫。好在我的同事既没有嘲讽我，也没有疏远我，他们选择用另一种方式爱护我，保全了我的自尊心。所以，我对他们十分感激。

我的同学李林和我一样，也是苦孩子出身。虽然他现在一路打拼，年纪轻轻就赚了很多钱，事业有成，但他依然舍不得消费。谈恋爱的时候，他对女朋友十分抠门，连送个礼物都舍不得。跟女友逛街，他买东西只挑便宜的。后来，他女朋友受不了了，就跟他分了手。

李林仍然很努力地赚钱，他说他要攒很多钱，这样才有安全感。可如果一个人拥有了很多钱，却不舍得给自己花，也不舍得给爱人花，那能叫富有吗？所以直到现在，他仍然孤身一人。

如何改变这种内在的匮乏感呢？答案就是——学着爱自己。

当我们的内心再一次出现“我配不上美好”这种念头时，我们就可以反问自己：为什么我们就配不上美好呢？我们辛苦奋斗，为的不就是享受美好吗？过去的贫穷，那是过去的，不是我们自己的原因造成的。而且我们已经很节俭了，没必要把过去的伤痛带入现在的生活。

再说了，我们自己赚钱，给自己买东西，这是我们的权利。只要消费得起，我们就可以心安理得地享受；即便消费不起，也不代表着我们配不上美好。

很多以前穷过的人，现在虽然生活条件改善了，能够坐得起飞机上的头等舱，也开得起豪车了，可内心还是会时不时冒出自己配不上的念头。这都是因为小时候留下的贫穷的阴影。

除了上面讲到的方法之外，对待这种匮乏感还有一种方法——慈爱冥想。积极心理学家芭芭拉·弗雷德里克森建议人们可以试一试慈爱冥想的方法，让自己重新认识自己，进而爱上自己。

冥想时，我们要在脑海中以充满爱心的观察者身份看自己。我们应该完全接受自己本来的样子，不必在意自己给别人留下什么印象，因为无论自己是什么样子，都是我们喜欢的样子。

我们很多人在日常生活中都会碰到这样的情况：如果遇到某个小孩子，看着他纯真的笑脸，就会不由自主地喜欢他。你可以试着把自己当作那个孩子，给自己温暖和怜惜。当你认识到自己的可爱和价值，你就会从内在和自我祝福中爱上自己。

当我们的内心达到自洽时，就不会对自己有那么多评判了。当我们意识到自己的独特价值时，我们就会明白，自己就是世上最美好的人。

生命的终极意义到底是什么？

小时候，我经常坐在山顶仰望天空，思考天空以外是什么，小小的心里充满了对外界的好奇。

随着知识的积累，我慢慢懂得了宇宙这个概念，我又开始幻想：宇宙之外是什么呢？外面的外面又是什么？我们最远能到达哪里呢？有没有一个终点？我有时候甚至会想，人类的祖先是谁呢？祖先的祖先又是谁？是神话故事里说的那样吗？

其实不止我们，哪怕是小孩子，也会不由自主地思考生命本身，思考那个最著名的哲学问题：

我是谁？

我从哪里来？

我到哪里去？

关于人类的起源，有很多种说法，宗教的、自然科学的……但我最关心的是人类的终极目标到底是什么。

摆脱无力感，
拿回你的人生主动权

我第一次目睹亲人离世是在10岁那年——那年我的奶奶去世了。我呆呆地站在床边，看着奶奶平静地躺着，面容安详。那时候，我对死亡还没什么概念，我只知道，奶奶再也不会说话了。

大人们说，奶奶只是去了另一个世界。可是我等啊等，等了好久都没有等到奶奶回来。后来某一天，我突然意识到，奶奶永远也不会回来了，我才真正明白了死亡意味着什么。从此，我对死亡产生了巨大的恐惧。

死亡，不仅仅是指一个人生命的终止，还意味着这个人从现实世界消失，永远地离开我们，我们再也见不到他了。“但愿人长久，千里共婵娟。”诗句固然是美好的，但我们应该明白，相聚是短暂的，分离才是永恒的。

当我知道世间万物最终都将灰飞烟灭时，我的心里充斥着幻灭、失望和沮丧。既然人终将死去，那我们为什么要勤奋工作呢？我们存在的意义究竟是什么呢？

韩剧《来自星星的你》热播的时候，人们说，地球男人已经无法满足女性对完美男人的幻想了，于是，外星人横空出世。作为一名来自星星的男人，都敏俊富可敌国，才华横溢，而且还拥有超能力：长生不老。他在地球上活了400年，却依然俊美如初。他还能瞬间移动，让时间静止……这样一个神一般的人，让无数女人为之疯狂。

韩国的编剧们很懂女性心理，在女性的心中，最完美的男人莫过于“男神”。其实男性也一样，谁不喜欢完美的神呢？

美国的埃隆·马斯克成功发射了首枚猎鹰重型火箭，让人类距离移民火星的梦想越来越近。马斯克的举动给地球人带来了希望。在距离毁灭还有70亿年的时间里，如果人类足够努力，应该可以应对挑战，找到更好的生存环境，在地球毁灭之前逃离出去，甚至还有可能实现永生的梦想。

美国作家罗伯特·赖特写过一本书叫《非零年代》。在这本书里，赖特通过对各种翔实的数据研究发现：生命的密码不是DNA，而是非零和游戏。非零和游戏，意味着游戏的结局有很大概率是双赢。而零和游戏，不是你死，就是我活，总和为零，双输。人类在进化过程中，同时玩儿两种游戏——零和游戏以及非零和游戏，最好的选择自然是非零和游戏，这样基因才能更好地延续。人类社会在非零和力量的驱动下，会越来越复杂、越来越丰富，并不断趋于完美。

积极心理学家马丁·塞利格曼从赖特的书中获得启发，他认为积极情绪、积极人格的存在有更深远的意义。在自然选择的过程中，人类进化出了两大类情绪——积极情绪和消极情绪。消极情绪能够帮助生命个体应对危机，而积极情绪能够引导我们相互合作，走向双赢。绝大部分人都渴望玩儿双赢的非零和游戏，而非你死我活的零和游戏。这样看来，人类的前途总体上是非常乐观的。所以马丁·塞利格曼在他的积极心理学著作《真实的幸福》中写道：

从长远来看，这个双赢原则将把我们带到哪里？给我们带来一个非超自然的神，一个需要通过自然的双赢法则才能得到万能、全知和美德的神。或许，神才是我们的终点……如果神是生命的终点，那么这种生活必定是神圣的。

塞利格曼的这种观点，给我注入了一针强心剂，让我对未来不再那么悲观。因为我曾是一个无比相信世界末日很快会来临的人。

如果我们选择走向这个目的，或许我们完不成多么伟大的事情，但我们可以发挥自己的优势，通过勤奋工作创造财富，帮助他人……哪怕是非常微小的事情，只要朝着这个目的努力，你所做的就是神圣的事情。

有的人听了这话可能还是会表示绝望："如果神是生命的终点，那我们是什么呢？我们在地球上只有不到100年的存活时间，未来对我们来说太遥远了，我们注定会成为牺牲品。"

我却不这么看。在我看来，倘若你愿意，只要这种方法运用合适，今生就能到达人生的彼岸，不必苦苦等待。

那么这种方法是什么呢？我们又如何到达人生的彼岸呢？

其实，我们早已经接近过它。它就是人们常说的——人和人的活法不一样，体验就不同。马丁·塞利格曼说，发挥优势，并且把你的优势用于增加知识、力量和美德，这样的生活才有意义。

当你投入写作，你会忘记痛苦；当你主动帮助别人，你会感受到自己的存在价值；当你勇敢地迎接挑战，你的能力会得到提升，而且，你会为自己感到自豪；当你和自己爱的人在一起，你会觉得开心快乐……

所以，人生有终极意义。我们要用尽一切努力去接近那个更大的存在，因为它是终极的完美，是我们永恒的向往。

我不要放下野心，我就是要追求逆袭的人生

前段时间看电影《阿丽塔：战斗天使》时，有一个片段令我印象深刻。

阿丽塔和男友雨果站在管道上，雨果想去撒冷，于是他沿着管道拼命往前冲。阿丽塔呼唤他："我们不属于任何地方，除了彼此身边。"虽然阿丽塔的这句话非常感人，可雨果不想逃一辈子。

阿丽塔认为"我们不属于任何地方，除了彼此身边"，这是她的一厢情愿。因为她来自撒冷，拥有优秀的机甲术，还有一颗强劲的心脏。而她的男友雨果却没法和她相提并论，他没有去撒冷的能力。

撒冷是什么地方呢？在电影中，撒冷是一个高高在上的"天空之城"，盘踞在人们的头顶，这是对人类社会的隐喻。作为普通人，我们只能仰视那些站在金字塔顶端的人。

阿丽塔不喜欢撒冷，她只想追求爱情。而对于雨果来说，到达撒冷却是一个"逆袭之梦"。

雨果的梦，也是普通人所渴求的梦。试问，有哪一个普通人不想逆袭呢？我理解雨果，因为我也有一个逆袭的梦。可在现实生活中，

我们总会听到很多“人生导师”谆谆告诫：平平淡淡才是真，放下你的野心和欲望，做一个平凡的人……

说真的，我很反感这种观点。我才不要什么平平淡淡的人生，我就是想要轰轰烈烈的人生。那么多人过平平淡淡的生活，究竟是因为喜欢，还是因为没有更好的选择，只好无奈接受呢？

我不要放下野心，我就是要追求逆袭。我能想到的逆袭应该和很多人差不多：赚很多钱，被爱包围，写很多好作品……其实，大家的逆袭之梦都差不多。

然而，总有人规劝我们不要做白日梦，连想都不要想。

几年前，我的一位姨妈在给我介绍对象时就是这么教导我的：“你是个农村女娃，心不要太野了。你妈有病在身，你还想找个城里人？找个能过日子的人就行了。”

包括我父亲，他也是这么教导我的：“你可不要找外地人，找本地的就行。也不要找那些大老板之类的，就找一个普通上班族就行。”

我的父母对我的了解还是太少了，他们到现在也还不明白我真正想要什么。我想成就自己，成为一个内在外在都强大的女人，所以我不认命。我有做梦的自由，我也有说“不”的权力。

我们应该大胆做梦，这是我们与生俱来的权力。在《陈涉世家》一文中，陈胜振臂高呼：“且壮士不死则已，死即举大名耳，王侯将相，宁有种乎？”

“王侯将相，宁有种乎？”这句话，每一个自甘平庸的人都应该读上100遍并牢记在心里，时刻提醒自己：活着的重要使命，就是奋斗，就是逆袭。

人本应该舒展自由，可为什么我们却活得谨小慎微？从心理原因来看，主要是因为我们从小就被各种观念约束、限制着，那些观念深入我们的骨髓，让我们难以摆脱。

家庭贫穷、没有耐心育儿的父母，经常会责骂、打击孩子，动不动就用“笨蛋”“蠢货”之类的词语给孩子贴标签。对小孩子来说，父母就是他世界里的神，父母说的话不容置疑。

在这样的环境下长大的孩子会自然而然地认为自己很笨，什么也做不好，不值得被爱。除非成年后受到其他观念冲击，否则这种限制性的观念会一直存在于他们的脑海中。

我曾和朋友聊旅行计划，我列举的梦想中的城市全是国际大都市。有的朋友会鼓励我实现梦想，有的朋友则会揶揄我：“野心不小啊，要是能上天的话，你是不是还想上天了？”

就算我想上天，有错吗？去不了，难道想一想也不允许吗？

说到这儿，我就想起了之前去酒吧的经历。北京有一个酒吧，位于国贸大酒店的80楼。我和一位朋友聊过这个酒吧，说等有时间了一定去一次，结果说了一年多也没去成，因为我担心像我们这种普通人可能不被允许进去，那到时候该多尴尬啊。

前段时间，我和一个朋友在国贸商城吃饭，我们终于鼓足勇气上了80楼。那个酒吧外面放着“谢绝参观”的牌子，朋友一看，立刻吓得打退堂鼓，不敢进去了。

可我想，既然已经到门口了，就进去看看吧。但没想到，我刚进去，一个外籍服务员就出来赶我走："对不起，我们这里不可以参观。"

一会儿，一个女经理过来了，她告诉我们靠窗的地方最低消费2200元，其他位置没有最低消费。我跟她聊了一会儿，拿了一张名片走了。

虽然这次确实也碰了壁，但是还好，没有想象中那么可怕。我和朋友还打算以后选个天气晴朗的日子去那个酒吧喝一次酒，就当是圆个梦吧。

作家和菜头曾经写过一篇文章——《推门而入》，里面的情节和我这次的经历大体相似。他一直觉得高尔夫球这项运动太高端，不属于他，跟他没有关系。在无数次经过高尔夫球场后，有一天，他终于鼓足勇气，走了进去。

令他想不到的是，打一场高尔夫球并没有他想象的那么昂贵，打100个球只需要花60块钱。和菜头说，他那天用棍子抡了300多个球。

很多时候，真正击败我们的，不是现实，而是头脑中想象的恐惧。这种恐惧，会成为我们逆袭的阻碍。

即便见多识广的和菜头，也会被所谓高大上的表象吓住，所以，我被吓得不敢去那个酒吧也是可以理解的。

我并不是说让所有人都像我一样，一定要去很贵的酒吧，一定要写出优秀的作品，一定要去国际大都市旅游。这些只是我的目标，是我的人生追求。

每个人都有自己逆袭的目标，有的人想在村里买块地种菜，有的人想到山上盖所别墅养生，有的人想去追求自己喜欢的“女神”……

别害怕，不要被外界的恐吓吓倒，找到你自己真正想要实现的目标，勇敢去行动。

心理学家马斯洛在谈到自我实现时说过这么一段话：

自我实现可以是钢琴键盘上的手指锻炼。自我实现可以是努力做好你想要做的事。只想成为一个二流的医生，那还不是一条通向自我实现的正确途径。你应该要求自己成为第一流的，或要求你尽你自己的所能。

我想要追求的逆袭，就是马斯洛说的自我实现——尽我所能。

我想要拼尽全力去逆袭，去实现自己的目标，这样的人生，才是值得的。

拼尽全力去追求自己的梦想，就算最终不能成功逆袭，此生也已无憾！